Die geometrischen Verhältnisse bei der Herstellung unregelmäßiger Flächen

Geometrische Erzeugung und Nachformverfahren

Von

Dr.-Ing. W. H. Gres

Herne/Westf.

Mit 146 Abbildungen

Springer-Verlag

Berlin / Göttingen / Heidelberg

1953

ISBN-13: 978-3-540-01701-1   e-ISBN-13: 978-3-642-92596-2
DOI: 10.1007/978-3-642-92596-2

Geleitwort.

In der Fertigungstechnik ist die Geometrie der Werkstückflächen neben den Zerspanungsuntersuchungen und dem Austauschbau wenig beachtet worden. Im wesentlichen verharrte man bei den einfachen Flächen, wie Ebene, Zylinder, Kegel, Schraubenfläche; nur der Evolventenfläche wurde wegen ihrer Anwendung am Zahnrad große Aufmerksamkeit gewidmet.

Indessen fordert die Gestaltung heute zahllose Formen, um die Bedingungen der Gestaltfestigkeit, der Strömung, der Handhabung und anderes mehr zu erfüllen; diese meist unregelmäßigen Flächen müssen heute ebenso wirtschaftlich hergestellt werden wie die anderen. Die Frage ist aber, ob der Formenwelt des Gestalters eine gleiche des Fertigers entspricht. Das ist der Natur der Sache nach nicht ohne weiteres zu erwarten, es sei denn, daß man zu unwirtschaftlichen Verfahren greift. Daher gilt es, die mögliche Formenwelt der Fertigung an Hand der ihr zur Verfügung stehenden Mechanismen darzustellen. Ihre Kenntnis befähigt den Gestalter von Maschinen- und Geräteteilen, sich nach den Möglichkeiten der Fertigung zu richten; sie befähigt den Werkzeugmaschinenkonstrukteur, rasch mit einer geometrischen Formungsaufgabe fertig zu werden, sei es, daß er eine Form geometrisch erzeugt, sei es, daß er sie einem Bezugsformstück maßgetreu oder in geometrischer Verzerrung nachformt. Schließlich ist es auch für den Fertigungsingenieur wichtig, einen Überblick über „Die geometrischen Verhältnisse bei der Herstellung unregelmäßiger Flächen" zu gewinnen.

So gehört die Arbeit GRES zu den Elementen der Fertigung und zur Systematik ihrer Verfahren. Es darf daher gehofft werden, daß sie sowohl in der Ausbildung der Ingenieure als auch in der Praxis ihren Nutzen erweisen wird.

Im Januar 1953.

Otto Kienzle
ord. Professor
Lehrstuhl für Werkzeugmaschinen
an der Technischen Hochschule
Hannover.

Vorwort.

Wenn es die Aufgabe der Fertigung ist, die Schöpfungen des Konstrukteurs zu verwirklichen, so muß sie auch seinen neuen Forderungen nach vielen unregelmäßigen Flächen nachkommen. Dabei sind stets die Bedingungen der Wirtschaftlichkeit und der werkstattmäßigen Einfachheit zu erfüllen.

Die Formen der Flächen, die weder eben noch zylindrisch, weder kegelig noch schraubig sind, und die Mittel zu ihrer Verwirklichung sind so mannigfaltig, daß es notwendig erscheint, zunächst das ganze Gebiet zu ordnen und systemhaft darzustellen. Wohl liefert dafür die Mathematik einige Grundlagen, aber unter dem ingenieurmäßigen Gesichtswinkel der konstruktiven Forderungen und der getrieblichen Möglichkeiten zeigte sich doch, daß eine eigene Ordnung geschaffen werden mußte.

So wurde die vorliegende Arbeit in den Jahren 1946 bis 1948 auf Anregung und unter steter Förderung von Herrn Prof. Dr.-Ing. KIENZLE angefertigt, dem ich an dieser Stelle besonders danken möchte.

Inzwischen war der Verfasser in verschiedenen Fertigungszweigen tätig und konnte zugleich die außerordentliche Entwicklung der Nachformtechnik wahrnehmen, die ihren Höhepunkt in der „Zweiten Europäischen Werkzeugmaschinen-Ausstellung" im Septemder 1952 in Hannover erreichte. Die Entwicklung in den Werkstätten geht ja so weit, daß regelmäßige Flächen, wie z. B. abgesetzte Zylinderflächen, nunmehr mit der Technik der unregelmäßigen Flächen in einem Zuge hergestellt werden können.

So soll dieses Buch außer dem systematischen Unterbau der Elemente der Werkzeugmaschinen auch der Verbreitung der Kenntnisse der geometrischen Erzeugungsverfahren und der Nachformverfahren in der Praxis dienen und ihren Anteil zu unseren Bemühungen um einen weiteren Rationalisierungsfortschritt beitragen.

Dem Springer-Verlag danke ich für die vorbildliche Ausstattung des Buches, die besonders dem für den Leser so wichtigen Bildteil zugute kam.

Herne (Westf.), Januar 1953. **W. H. Gres.**

Inhaltsverzeichnis.

1. Aufgabenstellung und Begriffsbestimmungen.

In der modernen Technik der letzten 20 Jahre treten in zunehmendem Maße Gestaltungselemente auf, die gegenüber den bis dahin fast ausschließlich bekannten regelmäßig geformten Bauteilen bezüglich ihrer Form als „unregelmäßig“ anzusprechen sind. Diese Entwicklung haben vor allem die inzwischen gewonnenen Erkenntnisse der Mechanik und Werkstofforschung eingeleitet. Daneben sind auch ästhetische und physiologische Gesichtspunkte nachzuweisen. Nicht zuletzt aber hat die Fertigungstechnik selbst den entscheidenden Ausschlag gegeben, indem sie die zur Herstellung dieser „unregelmäßigen“ Bauteile dienenden Fertigungsmittel bereitstellte.

Wir stehen erst am Anfang dieser Entwicklung. Deshalb erscheint es gerade jetzt angebracht, die Gesetzmäßigkeiten zu suchen, nach denen „unregelmäßig“ geformte Bauteile gefertigt werden können, um alle Möglichkeiten, die sich hieraus ergeben, so schnell wie möglich auszuschöpfen.

Zu diesem Zweck wird man einerseits feststellen müssen, welche Verfahren zur Herstellung einer gegebenen Werkstückform zur Verfügung stehen und andererseits, welche Formen oder Gruppen von Formen jedem Herstellverfahren eigentümlich sind. KIENZLE (9)[1] hat hieraus den Gedanken einer „Formenlehre der Fertigung“ abgeleitet, die einen doppelten Zweck erfüllt:

dem *Gestalter* die Möglichkeiten der Fertigungstechnik zu zeigen und ihn neben der werkstoffgerechten zur verfahrensgerechten Gestaltung zu leiten;

dem *Fertiger* die Wahl des zweckmäßigsten und damit letzten Endes wirtschaftlichsten Verfahrens für eine vorgeschriebene Form unter Berücksichtigung der geforderten Genauigkeit zu erleichtern.

Innerhalb einer solchen allgemeinen Formenlehre der Fertigung nehmen die Abspanverfahren die größte und bedeutsamste Stelle ein; ihrer Formenlehre ist diese Arbeit ausschließlich gewidmet. Die Betrachtung beschränkt sich jedoch nicht auf die im Maschinenbau üblichen Werkstoffe, sondern wird allgemein auf alle zerspanbaren Werkstoffe ausgedehnt.

---

[1] Die in Klammern gesetzten Ziffern verweisen auf das Schrifttums-, Patent- und Firmenverzeichnis im Anhang.

Es ist somit Aufgabe dieser Arbeit, einerseits die durch abspanende Bearbeitung herstellbaren Flächen an technischen Bauteilen und andererseits die zur Verfügung stehenden Abspanverfahren nach gemeinsamen Merkmalen zu ordnen, die eine gegenseitige Zuordnung möglich machen. Diese, den Flächen und Verfahren gemeinsamen Merkmale, sind die Gesichtspunkte der *Geometrie*. Aus dieser Aufgabenstellung heraus ergibt sich bereits die Gliederung in 3 Hauptabschnitte:

I. Die geometrische Ordnung der durch Abspanen herstellbaren Flächen.

II. Die geometrische Ordnung der Abspanverfahren.

III. Die Zuordnung der durch Abspanen herstellbaren Flächen und Abspanverfahren.

Die Ordnungsarbeit muß so breit angelegt sein, daß sowohl Flächen als auch Verfahren, die später entwickelt werden, einen Platz in der Ordnung finden können. Durch diese Bedingung werden die Ordnungen zeitunabhängig und bekommen einen heuristischen Wert, indem sie zu noch nicht verwendeten Flächen und zu neuen Verfahren führen können.

Zu Beginn sind zunächst noch einige Begriffe und Abgrenzungen festzulegen:

Jedes Werkstück besitzt Begrenzungsflächen, durch die das stofflich erfüllte Raumstück vom übrigen Raum abgegrenzt wird. Die Gesamtheit dieser Begrenzungsflächen wird als Oberfläche eines Körpers bezeichnet. Diese Oberfläche wird nur in den wenigsten Fällen von einer einzigen geometrischen Fläche gebildet, wie z. B. die Kugel- oder Eioberfläche. Geometrisch gesehen kann sie aus einer Vielzahl stetiger Flächen bestehen, die an Kanten zusammenstoßen oder tangential ineinander übergehen. Fertigungstechnisch gesehen wird die bearbeitete Fläche eines technischen Körpers als Einheit behandelt, die in *einer Arbeitsstufe* und unter einem *gemeinsamen geometrischen Gesichtspunkt* hergestellt ist. Dabei ist es ohne Belang, ob diese Fläche die gesamte Oberfläche eines Körpers bildet oder nur einen Teil davon.

Die Betrachtung der Körperoberflächen soll sich nur auf die „Hauptgeometrie" dieser als ideale geometrische Fläche gedachten Begrenzungsfläche beschränken und die „Fehlergeometrie" unberücksichtigt lassen, die die Abweichungen der tatsächlichen Oberfläche von der idealen geometrischen Fläche feststellt, die durch Fehler oder Mängel an Fertigungsmitteln und Werkzeugen eintreten. Die Untersuchungen liegen dementsprechend nur im Bereich der „Makrogeometrie", während die „Mikrogeometrie" Gegenstand der Oberflächenkunde ist.

Da sich die Untersuchungen ausschließlich auf die geometrischen Zusammenhänge zwischen Werkzeugmaschinen und den von ihnen hervorgebrachten Bearbeitungsflächen beziehen und somit die Leistungen und Betriebseigenschaften der Maschinen keinem Vergleich unterzogen werden, ist damit ein Werturteil irgendwelcher Art nicht verbunden.

Die in Schemazeichnungen benutzten Sinnbilder sind in der Abb. 1 erläutert.

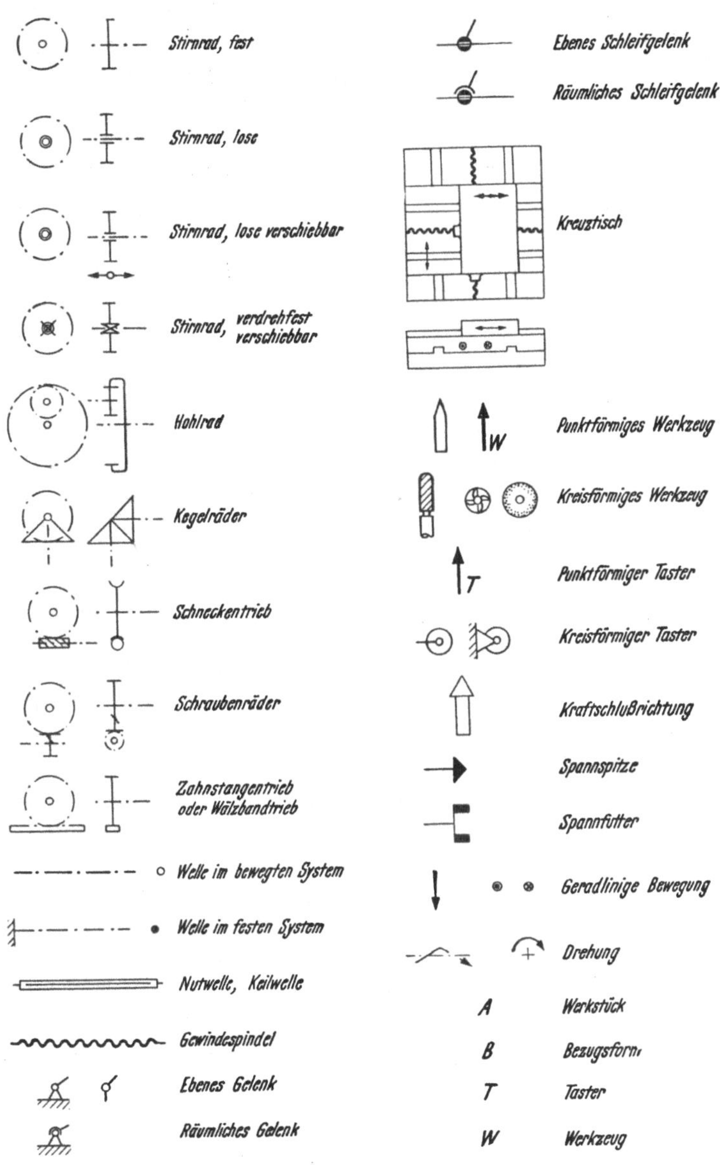

Abb. 1. Sinnbilder in Schemazeichnungen.

2. Die geometrische Ordnung der durch Abspanen herstellbaren Flächen.

In den Sprachgebrauch der Fertigung ist die Unterscheidung von „regelmäßigen" und „unregelmäßigen" Bearbeitungsflächen weitgehend eingegangen. Man bezeichnet dabei als „regelmäßig" oder auch „einfach" solche Flächen an Werkstücken, die in *einer* Arbeitsstufe mit gewöhnlichen und einfachen Verfahren und Werkzeugmaschinen herzustellen sind, während Flächen als „unregelmäßig" gelten, wenn zu ihrer Herstellung besondere oder schwierige Verfahren und Fertigungsmittel benötigt werden. Als Ordnungsgesichtspunkte werden demnach allein die Herstellbedingungen herangezogen, ohne zunächst die geometrische Form der Fläche zu berücksichtigen.

Die Mathematik legt ihrer Ordnung der mathematischen Flächen analytische Gesichtspunkte zugrunde, die jedoch keinerlei Beziehungen zu den fertigungstechnischen Herstellbedingungen der Bearbeitungsflächen haben.

Da wir von der Mathematik keine Ordnungsgedanken übernehmen können, halten wir es für zweckmäßig, unsere hier vorzunehmende Ordnung von Bearbeitungsflächen auf dem aus der Werkstattpraxis heraus entstandenen Hauptordnungsgesichtspunkt:

„Regelmäßige Flächen – Unregelmäßige Flächen"

aufzubauen. Dabei steht von vornherein fest, daß eine Zweiteilung den vorliegenden Zweck nicht erfüllen kann; insbesondere wird das ungleich größere Gebiet der unregelmäßigen Flächen mehrfach zu unterteilen sein. Weiterhin sei in diesem Zusammenhang ausdrücklich betont, daß diese Ordnung lediglich für den vorliegenden *praktischen* Zweck aufgestellt werden soll und deshalb keine geometrischen Ansprüche allgemeiner Art erfüllen kann. Wenn unsere Ordnung deshalb auch nicht alle in der Mathematik bekannten Flächen umfaßt, enthält sie andererseits aber einen großen Teil dieser Flächen, so daß die dort bekannten Flächenklassen und -gruppen an verschiedenen Stellen unserer Ordnung erscheinen.

Die auf den Herstellbedingungen beruhende Zweiteilung wäre jedoch willkürlich, vom jeweiligen Stand der Fertigungstechnik abhängig und unterläge deshalb der zeitlichen Wandlung. Um sie für unseren Zweck brauchbar zu machen, gilt es, eindeutige Definitionen zu finden, die vom Entwicklungsstand der Fertigung unabhängig sind. Dies ist durch geometrische Abgrenzungen möglich, so daß wir damit zu einer *geometrisch* begründeten fertigungstechnischen Ordnung der durch Abspanen herstellbaren Flächen kommen.

Wir gehen zu diesem Zweck von einer geometrisch deutbaren und in der Geometrie auch gebräuchlichen Art der Flächenbildung aus, die durch abspanende Bearbeitung sinnfällig verwirklicht wird, wenn nämlich dem rohen oder vorbearbeiteten Werkstück durch Einwirkung einer abspanenden Werkzeugschneide eine neue Umhüllungsform gegeben wird.

Ihren Begriffsinhalt können wir so umreißen:

Eine Fläche entsteht durch Bewegung einer Kurve entlang einer anderen im Raum festliegenden Kurve (Abb. 2). Die feste Kurve wird „*Leitkurve*", die bewegte Kurve „*Erzeugende*" genannt. Leitkurve und Erzeugende werden unter dem Oberbegriff „Flächenbildungskurven" zusammengefaßt.

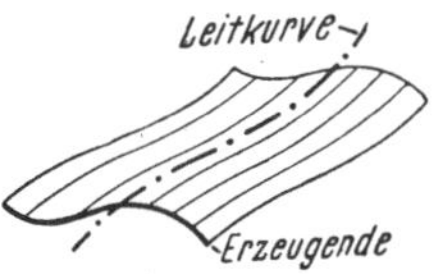

Abb. 2.
Flächenbildung durch Bewegung einer „Erzeugenden" entlang einer „Leitkurve".

Während der Verschiebung haben Leitkurve und Erzeugende jeweils eine bestimmte Lage zueinander, die durch das „*Führungsgesetz*" bestimmt wird.

Mit dieser Begriffsbestimmung haben wir einen wichtigen Schritt getan, indem wir damit von der Betrachtung der Flächen selbst auf die zu ihrer Bildung erforderlichen Elemente:

Leitkurve,
Erzeugende,
Führungsgesetz

gekommen sind.

Es sei darauf hingewiesen, daß unsere Benennungen und Begriffsfestlegungen nicht völlig mit denen der Mathematik übereinstimmen. Es sei weiterhin darauf aufmerksam gemacht, daß wir im Verlauf unserer Untersuchungen den Begriff „Erzeugen" in einem bestimmten Sinne benutzen, und zwar beschränkt auf solche Abspanverfahren, bei denen Flächenbildungskurven mit Hilfe getrieblicher Mittel aus sich heraus hervorgebracht werden, also ohne eine irgendwie vorhandene Kurve dazu zu benutzen (s. Abschn. 33). In der allgemeinen Bedeutung werden wir stets von „herstellen", „bearbeiten" oder „fertigen" sprechen. Wir sind uns bewußt, daß deshalb die Benennung „Erzeugende" nicht sinnfällig ist und richtiger etwa „Hervorbringende" benannt werden sollte oder daß eine andere Benennung für das Erzeugungsverfahren gefunden werden müßte. Wir konnten uns jedoch zu keiner anderen Wortbildung entschließen und hoffen, daß später vielleicht Benennungen gefunden werden können, die eine einfache Begriffstrennung ermöglichen.

Um nun alle auf diese Art zu bildenden Flächen erfassen zu können, muß jedes dieser drei Elemente jeweils unabhängig von den anderen logisch abgewandelt werden:

Für die beiden Flächenbildungskurven stehen als gemeinsame Abwandlungsgesichtspunkte zur Verfügung:

ebene Kurve — Raumkurve,
sich nicht ändernde Kurve — sich ändernde Kurve.

Das Führungsgesetz läßt sich weit mehr variieren; man kann die gegenseitige Lage von Leitkurve und Erzeugende durch verschiedene Angaben bestimmen, wie z. B.:

Eingeschlossener Winkel zwischen Ebene der Leitkurve und Ebene der Erzeugenden gleichbleibend oder ändernd,
Ebene der Erzeugenden parallel mit sich selbst verschoben,
Erzeugende schraubt sich um die Leitkurve, oder es wird diese Schraubung verhindert.

Es können auch mehrere Einzelbestimmungen in einer einzigen Angabe zusammengefaßt werden.

Bei Zusammenfassung der drei abgewandelten geometrischen Elemente der Flächenbildung ergäbe sich eine Tafel mit drei Eingängen, die sehr unübersichtlich wäre, viele Wiederholungen oder überbestimmte Flächen aufwiese, vor allen Dingen aber nur in beschränktem Umfang zu verwirklichen wäre. Wir wollen deshalb durch mögliche Einschränkungen zu einer anwendbaren und ausführbaren Flächenordnung zu gelangen suchen, die in einer Tafel mit zwei Eingängen darzustellen ist.

Die Abwandlungsmöglichkeiten der Flächenbildungselemente können folgende Einschränkung erfahren:

Die Raumkurve als Erzeugende kann entfallen, da sie stets durch eine ebene Kurve ersetzt werden kann.

Die Leitkurve kann nur eine sich nicht ändernde Gestalt haben, da sie in allen Punkten die allgemeine Lage der zu bildenden Fläche im Raum bestimmen muß.

Von allen möglichen Abwandlungen des Führungsgesetzes kann man durch die Bestimmung, daß die Erzeugende in allen Punkten der Leitkurve in der Normalebene der Leitkurve liegt, ein besonderes Führungsgesetz herausgreifen, das in Verbindung mit den Abwandlungsmöglichkeiten der Flächenbildungskurven eine sehr große Zahl von Flächen zu bilden erlaubt und praktisch zu verwirklichen ist. Bei Raumkurven als Leitkurven gilt als Normalebene die Ebene, in der die Haupt- und Binormalen liegen. Gleichzeitig wird die Schraubung um die Leitkurve ausgeschlossen.

Mit diesen Einschränkungen kommen wir zu einer anschaulichen und praktisch anwendbaren geometrisch begründeten Flächenordnung, in die alle durch Abspanen herstellbaren Flächen einzuordnen sind (Tafel I nach S. 10).

In unserer Ordnung sind die Leitkurve links senkrecht, die Erzeugende oben waagerecht im zweidimensionalen Schema aufgetragen. Das gewählte Führungsgesetz ist durch eine Fußnote gekennzeichnet. Leitkurve und Erzeugende sind jeweils in ihre eingeschränkten Abwandlungen gegliedert.

Den praktischen Bedürfnissen der Fertigungstechnik entsprechend, unterteilen wir nun die Kurven jeweils in zwei große Gruppen, die, wie wir noch sehen werden, im gesamten Gebiet der Abspantechnik immer deutlich hervortreten: Wir unterscheiden offene Kurven, die durch Parallelverschiebung herstellbar und deshalb am zweckmäßigsten in einem Parallelkoordinatensystem zu behandeln sind, und geschlossene Kurven, die durch Drehung herstellbar sind und sich am besten in einem Polar- bzw. Zylinderkoordinatensystem erfassen lassen. Unter die letzte Gruppe fallen auch solche Kurven, die Teile von geschlossenen Kurven sind. Selbstverständlich kann eine Kurve sowohl in der einen wie in der anderen Gruppe behandelt werden, maßgebend für die Wahl ist die Zweckmäßigkeit.

Zur weiteren Unterteilung müssen wir auf die Ordnung der Abspanverfahren (s. Abschn. 3) vorgreifen, in der die drei Verfahrensgruppen der abspanenden Bearbeitung

Freiformverfahren,
Nachformverfahren,
Erzeugungsverfahren

entwickelt werden. Auf Grund der Besonderheiten der Verfahren werden wir Kurven unterscheiden können, die jeweils nach einem oder mehreren dieser drei Verfahren herzustellen sind.

Während im Freiform- und Nachformverfahren sämtliche beliebigen Kurven ohne Rücksicht auf ihre geometrische Gestalt herstellbar sind, sind „erzeugbar" nur solche Kurven, die kinematisch als Bahnkurven von Getriebepunkten zu verwirklichen sind und für die dementsprechend das Erzeugungsgesetz bekannt sein muß. Wir werden deshalb die Unterteilung vornehmen in solche Kurven, die durch alle drei Verfahren und in solche, die nur im Freiform- und Nachformverfahren herzustellen sind. Da das Freiformverfahren in dieser Arbeit jedoch nicht weiter behandelt wird, ist es im Schema nicht mehr berücksichtigt.

Innerhalb der nun zu betrachtenden Kurven verdienen jeweils die Kurven in jedem Koordinatensystem besonders hervorgehoben zu werden, denen in der Fertigung eine besondere Bedeutung zukommt und die zugleich die einfachste geometrische Darstellung finden: die Gerade im

Parallelkoordinatensystem, der Kreis im Polarkoordinatensystem und die Schraubenlinie im Zylinderkoordinatensystem.

Da im Parallelkoordinatensystem gegebene Raumkurven als Leitkurven praktisch keine Verwendung finden, erfolgt hier keine Unterteilung, um das Schema möglichst klein halten zu können.

Obwohl theoretisch möglich, ist eine sich ändernde Kurve als Erzeugende praktisch nicht „erzeugbar", so daß wir die für feste ebene Kurven angewandten Ordnungsgesichtspunkte hier nicht für richtig halten. Statt dessen erscheint uns hier eine Unterteilung nach der Art der Änderung wesentlich zu sein. Da die sich affin ändernde Kurve mehrfach zur Anwendung kommt, wählen wir eine Aufgliederung in 2 Gruppen:

affin ändernde Kurven — nicht affin ändernde Kurven.

Innerhalb der sich affin ändernden Gruppe wird als Sonderfall die ähnliche Änderung hervorgehoben (s. Abschn. 321.12).

Die so durchgeführte Aufgliederung der Flächenbildungskurven ist in unserem Schema mit Ordnungsnummern versehen, die dem Dezimalsystem entnommen sind. Um nicht mehr als zweistellige Zahlen benutzen zu müssen, sind Untergliederungen zum Teil nicht berücksichtigt. Es ist nunmehr möglich, jede Kombination von Leitkurve und Erzeugende durch Vereinigung der zugehörigen Ordnungsnummern zu bezeichnen, wobei die Ordnungsnummern der Leitkurve vor dem Bruchstrich, die der Erzeugenden hinter dem Bruchstrich stehen.

Soweit die Kombinationen zu verwirklichen sind und in der Praxis Verwendung finden, sind in den Feldern sinnbildlich ein oder zwei Beispiele dargestellt, wobei die Leitkurve strichpunktiert, die Erzeugende fett gezeichnet ist. Einige Bahnkurven von Punkten der Erzeugenden sind dünn eingezeichnet.

Innerhalb dieses Schemas werden wir deutlich hervortretende Flächengruppen unterscheiden können, die neben- oder untereinander liegen oder bestimmte ausgezeichnete Bezirke oder Achsen im Schema bilden. Diese Flächengruppen gehören zumeist auch im Sinne der Geometrie zu einer Flächenklasse und sind im folgenden durch Unterstreichung hervorgehoben. Nicht berücksichtigt sind jedoch die Zusammenhänge mit den übergeordneten geometrischen Flächengruppen, wie z. B. die Zugehörigkeit zu den algebraischen Flächen, abwickelbaren Flächen, Flächen konstanter Krümmung, Liouvillschen Flächen, Weingartenschen Flächen usw. (1, 4).

Wenn in diesem Ordnungsschema verschiedene Flächen mehrmals auftreten, so ist daraus ersichtlich, daß sie auf verschiedene Art herzustellen sind, so z. B. Zylinderflächen oder das einschalige Drehhyperboloid, das sowohl als Drehfläche als auch als Regelfläche entstehen kann.

Wir können nun folgende Flächengruppen mit einigen besonderen Untergruppen erkennen:

Hauptfeld 1/1.

11/11–16\
11–16/11 **Allgemeine Zylinderflächen.**

11/11   *Ebene.*

11/12\
12/11   Zylinderflächen von nachformbaren und von erzeugbaren Kurven im Parallel-K.S., z. B. Kegelschnitte, Potenzkurven, Sinuslinien.

11/13\
13/11   Zylinderflächen von nur nachformbaren Kurven im Parallel-K.S., z. B. beliebig zusammengesetzte Kurven.

11/14\
14/11   *Kreiszylinderfläche.*

11/15\
15/11   Zylinderflächen von nachformbaren und erzeugbaren Kurven im Polar-K.S., z. B. Ellipsen, Zykloiden, Evolventen, Spiralen, Polarsinoiden.

11/16\
16/11   Zylinderflächen von nur nachformbaren Kurven im Polar-K.S., z. B. Nocken-, Drehkolben-, Strömungsprofile.

12–16/11   **Böschungsflächen:** Flächen, die von einer Geraden als Erzeugende gebildet werden, die stets mit einer festen Ebene einen festen Winkel einschließt (4).

14/11   *Kreiskegelfläche:* Wenn Gerade die Drehachse schneidet.

14/11   *Einschalige Drehhyperboloidfläche:* Wenn Gerade windschief zur Achse liegt.

14/11–16   **Drehflächen an Voll- und Hohlkörpern.**

14/11   *Kreiszylinderfläche, Kreiskegelfläche.*

14/14   *Ringwulstfläche oder Torus, Kugelfläche.*

11–24/14   **Röhrenflächen:** Hüllflächen von Kugeln gleichen Durchmessers, deren Mittelpunkte auf der Leitlinie liegen (1).

11/14   *Kreiszylinderfläche.*

14/14   *Ringwulstfläche oder Torus.*

22/14   *Serpentine.*

12–13/12–13\
12–13/15–16\
15–16/12–13\
15–16/15–16   Diese Gruppen besitzen keine eindeutige geometrische Benennung. In der Fertigung wird hierfür die Benennung „*Umrißflächen*" gebraucht, da zu ihrer Herstellung ein Werkzeug mit seinem Mittelpunkt auf einem Umriß geführt wird.

Hauptfeld 2/1.

21/11–16   Raumkurven im Parallel-K.S. als Leitkurven ergeben keine praktisch verwertbaren Flächen und haben keine Gruppenbezeichnung.

22/11–16   **Schraubflächen.**

22/11   *Regelschraubflächen*

Hier sind zu unterscheiden:

Geschlossene gerade *R.* (Gerade senkrecht zur Achse) = *Wendelfläche.* Beispiel: Flachgewinde.

Geschlossene schiefe *R.* (Gerade im Winkel zur Achse) = *Korkzieherfläche.* Beispiel: Trapezgewinde, archimedische Spiralschnecke.

Offene *R.* (Gerade windschief zur Achse).

Beispiel: Evolventenschnecke.

22/14   *Schlangenrohrfläche* (Serpentine).

23/11–16   Raumflächen ohne Gruppenbezeichnung. Leitkurven können erzeugbare Kurven auf Zylinder- und Kegelmänteln sein, z. B. Kegelschraubenlinien, Zylinder- und Kegelzykloiden, Zylinder- und Kegelsinoiden.

24/11–16   Flächen ohne Gruppenbezeichnung, Leitkurven können nur nachformbare Kurven sein.

Hauptfeld 1/2.

Ähnlichkeitsflächen.

11–16/21 \
11–16/24   Sonderfall in 11–16/24: Erzeugende ein sich in der Größe ändernder Kreis = *Kanalflächen* (1), darunter die *Kreiskegelfläche.*

11/22 \
11/25   *Gerade Konoidflächen.*

11/23 \
11/26 \
14/23 \
14/23   Flächen ohne geometrische Gruppenbezeichnung, in der Fertigung „*wilde Flächen*" benannt.

Hauptfeld 2/2.

ergibt keine praktisch zu verwirklichenden Flächen.

Betrachten wir nun die nach den Gesichtspunkten der Flächenbildung geordneten Bearbeitungsflächen in bezug auf die Schwierigkeiten ihrer Herstellung, dann können wir innerhalb unseres Ordnungsschemas nach der Höhe des Schwierigkeitsgrades folgende 5 Flächenklassen herausfinden:

1. Regelmäßige Flächen (▭ Felder).

Flächen, die durch Paarung von Gerade, Kreis oder Schraubenlinie zustande kommen. Hierzu gehören:

> Ebene.
> Kreiszylinderfläche.
> Kreiskegelfläche.
> Kugelfläche.
> Regelschraubfläche.
> Serpentine.

2. Unregelmäßige Flächen 1. Schwierigkeitsgrades (▨ Felder)

Flächen, die durch Paarung von Gerade, Kreis oder Schraubenlinie mit den übrigen festen ebenen Kurven zustande kommen. Hierzu gehören:

> Allgemeine Zylinderflächen.
> Böschungsflächen.
> Drehflächen.
> Röhrenflächen.
> Schraubflächen.

3. Unregelmäßige Flächen 2. Schwierigkeitsgrades (▬ Felder).

Flächen, die durch Paarung der noch verbleibenden festen ebenen Kurven zustande kommen. Hierzu gehören u. a.: „Umrißflächen".

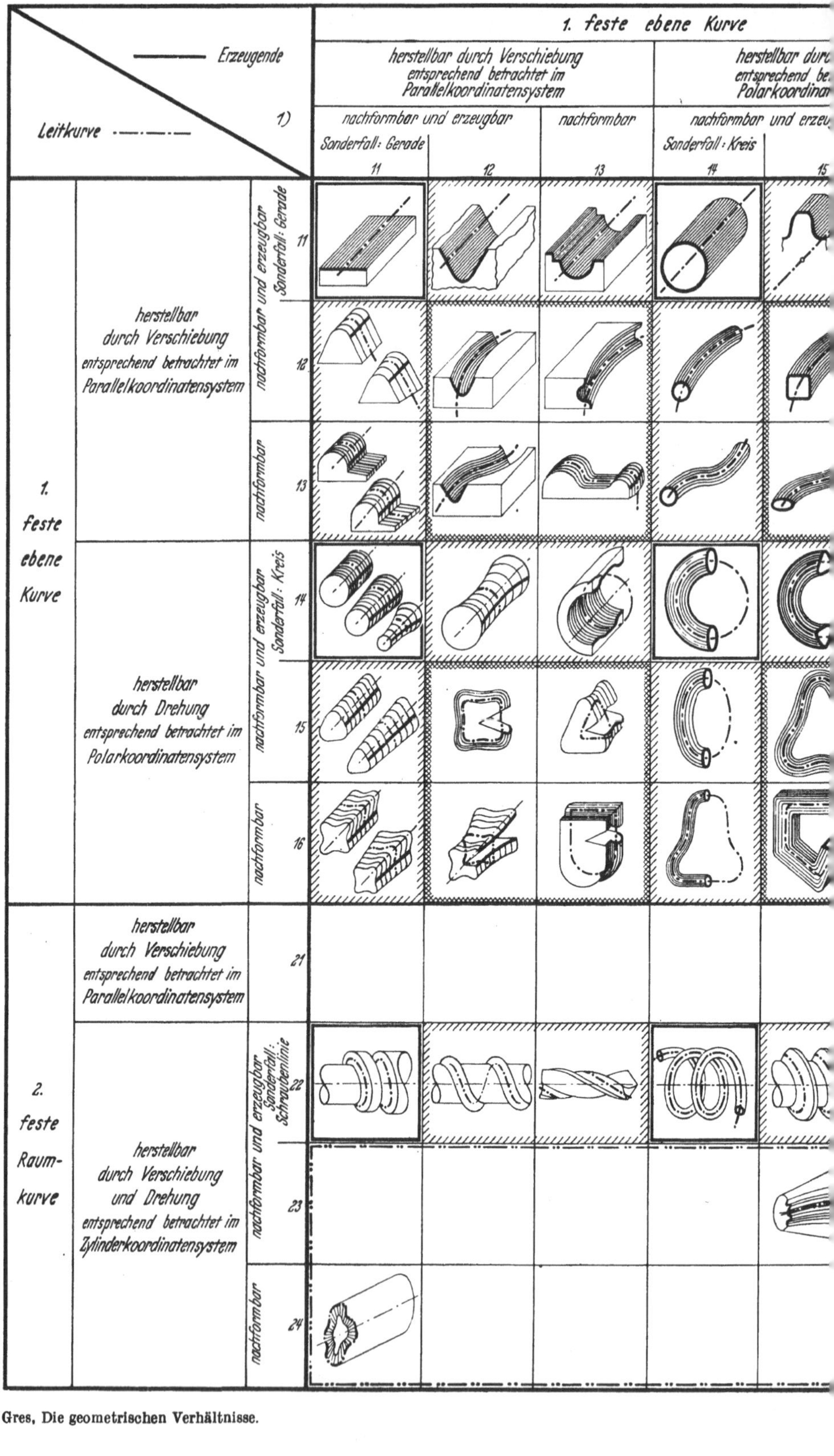

		1. feste ebene Kurve				
———— Erzeugende Leitkurve —·—·— 1)		herstellbar durch Verschiebung entsprechend betrachtet im Parallelkoordinatensystem			herstellbar durch entsprechend be. Polarkoordina	
		nachformbar und erzeugbar Sonderfall: Gerade	nachformbar		nachformbar und erzeu Sonderfall: Kreis	
		11	12	13	14	15
1. feste ebene Kurve	herstellbar durch Verschiebung entsprechend betrachtet im Parallelkoordinatensystem	nachformbar und erzeugbar — Sonderfall: Gerade — 11				
		nachformbar und erzeugbar — 12				
		nachformbar — 13				
	herstellbar durch Drehung entsprechend betrachtet im Polarkoordinatensystem	nachformbar und erzeugbar — Sonderfall: Kreis — 14				
		nachformbar und erzeugbar — 15				
		nachformbar — 16				
2. feste Raumkurve	herstellbar durch Verschiebung entsprechend betrachtet im Parallelkoordinatensystem — 21					
	herstellbar durch Verschiebung und Drehung entsprechend betrachtet im Zylinderkoordinatensystem	nachformbar und erzeugbar — Sonderfall: Schraubenlinie — 22				
		nachformbar und erzeugbar — 23				
		nachformbar — 24				

	2. sich ändernde ebene Kurve					
	herstellbar durch Verschiebung entsprechend betrachtet im Parallelkoordinatensystem			herstellbar durch Drehung entsprechend betrachtet im Polarkoordinatensystem		
	nachformbar		nicht affin ändernd	nachformbar		nicht affin ändernd
...hformbar	ähnlich ändernd	affin ändernd		ähnlich ändernd	affin ändernd	
16	21	22	23	24	25	26

1) Führungsgesetz: Erzeugende liegt stets in der Normalebene zur Leitkurve
(Normalebene bei Raumkurven = Ebene, die Haupt- und Binormale enthält)

Schraubung um Leitkurve ausgeschlossen

- Regelmäßige Flächen
- Unregelmäßige Flächen 1. Schwierigkeitsgrades
- Unregelmäßige Flächen 2. Schwierigkeitsgrades
- Unregelmäßige Flächen 3. Schwierigkeitsgrades
- Unregelmäßige Flächen höheren Schwierigkeitsgrades

4. Unregelmäßige Flächen 3. Schwierigkeitsgrades (⌊‥⌋ Felder).

Flächen, die durch Paarung einer beliebigen Raumkurve als Leitkurve mit einer festen ebenen Kurve als Erzeugende oder einer Geraden als Leitkurve und einer affin ändernden ebenen Kurve als Erzeugende zustande kommen.

Hierzu gehören: Ähnlichkeitsflächen,
gerade Konoidflächen.

5. Unregelmäßige Flächen höheren Schwierigkeitsgrades (⌊‿⌋ Felder).

Flächen, die durch Paarung von Gerade oder Kreis als Leitkurve mit sich beliebig ändernden ebenen Kurven als Erzeugende zustande kommen. Diese Flächen werden „wilde Flächen" benannt.

Diese, nach Schwierigkeitsgraden vorgenommene Gruppenbildung ermöglicht eine leichte und einwandfreie Verständigung bei den weiteren Untersuchungen und dürfte geeignet sein, in den Sprachgebrauch der Fertigungstechnik übernommen zu werden.

3. Die geometrische Ordnung der Abspanverfahren.

Die aus der Anschauung oder aus Versuchen und Berechnungen bestimmten Flächen an Werkstücken wurden im vorigen Abschnitt auf Flächenbildungskurven zurückgeführt und diese für die geometrische Flächenordnung herangezogen, wobei in unserer Vorstellung die Flächen durch die Bewegung geometrischer Gebilde zustande kamen. Diese Art der Flächenbildung kann auf die Abspanverfahren übertragen werden, indem Schneidwerkzeuge die Stelle der Erzeugenden einnehmen.

Nach der Art, wie im geometrischen Sinne die Flächenbildungskurven für die Führung der formändernden Schneidwerkzeuge herangezogen werden, lassen sich die Abspanverfahren unterteilen (Abb. 3).

Die Flächenbildungskurven können entweder in gezeichneten oder verkörperten Kurven (Modell) dargestellt oder in Form eines mathematischen Gesetzes, einer Funktion, eines Bewegungsgesetzes o. ä. gegeben sein. Wir werden in diesem Zusammenhang stets den Begriff „Kurvendarstellung" als Oberbegriff für gezeichnete und körperlich vorhandene Kurven brauchen. Grundsätzlich kann zwar die Zeichnung durch die Funktion ersetzt werden und umgekehrt, es soll aber schon hier klargestellt werden, daß einerseits für viele zeichnerisch erfaßbare Kurven die analytische Funktion nicht bzw. nur mit übermäßig großem Aufwand aufzustellen ist und daß andererseits die zeichnerische Darstellung einer höheren Funktion nur näherungsweise, z. B. durch punktweise Konstruktion, möglich ist. Wir werden also zunächst die Abspan-

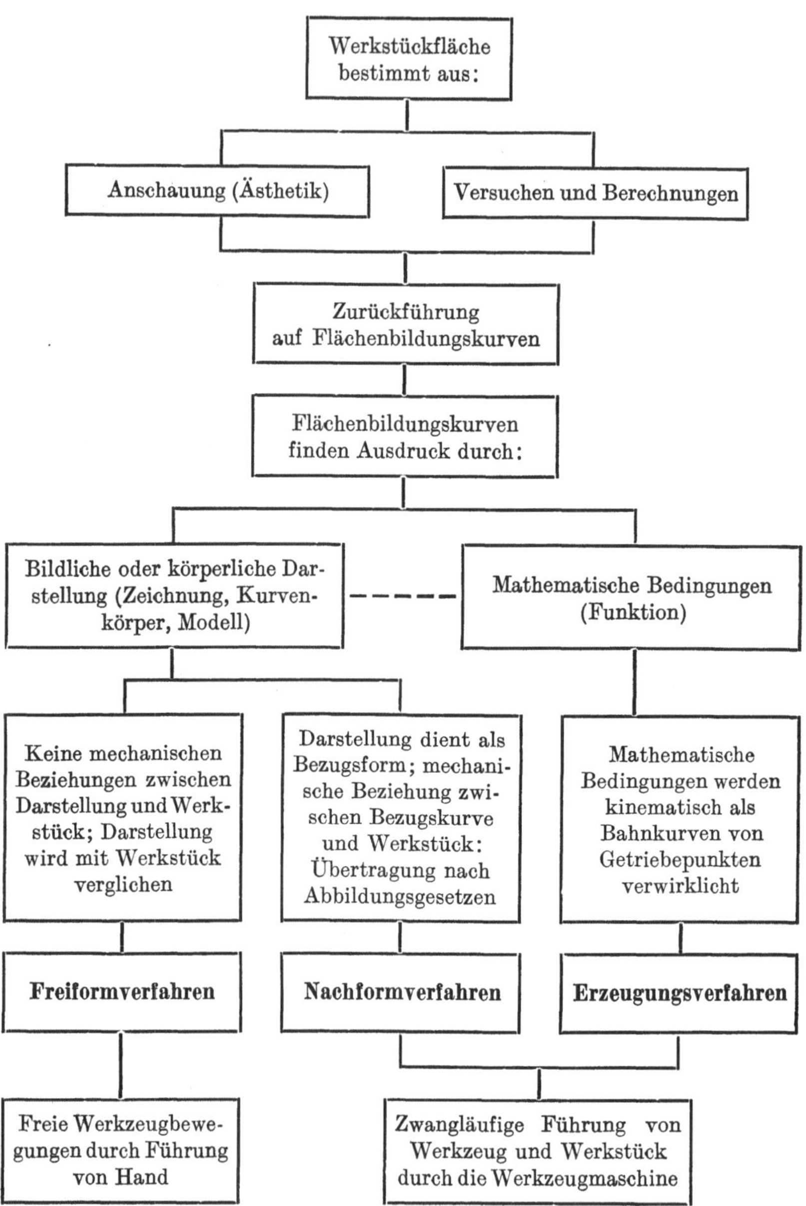

Abb. 3. Gedankenleitung zur geometrischen Ordnung der Abspanverfahren.

verfahren danach gliedern können, ob sie von der bildlichen bzw. körperlichen Darstellung oder von dem mathematischen Gesetz der Flächenbildungskurven ausgehen.

Auf der bildlichen oder körperlichen Kurvendarstellung beruhen zwei verschiedene Verfahrensgruppen:

Bei dem einen Verfahren wird das Werkstück mit nicht zusammenhängenden freien Werkzeugbewegungen ohne gesetzmäßigen Ablauf so lange abspanend bearbeitet, bis die Flächenbildungskurven am Werkstück mit den Kurvendarstellungen beim Vergleich übereinstimmen. Die Darstellung dient in diesem Falle lediglich als Lehre, es besteht jedoch zwischen Darstellung und Werkstück kein mechanischer Zusammenhang.

Da dieses Verfahren somit frei von zwangsläufigen Bewegungen ist, soll es „*Freiformverfahren*" benannt werden.

Ein anderes Verfahren liegt vor, wenn dem Werkstück dadurch eine neue Gestalt gegeben wird, daß die bildlichen oder körperlichen Darstellungen der Flächenbildungskurven unter Beachtung bestimmter geometrischer Abbildungsgesetze mit Hilfe geeigneter mechanischer Mittel durch Schneidwerkzeuge auf das Werkstück übertragen werden. Neben die Kurvendarstellung und die Werkkurve tritt als drittes Glied das Übertragungsmittel, das den geometrischen Zusammenhang zwischen beiden mechanisch vermittelt. Da die Kurven am Werkstück der Darstellung „nachgeformt" sind, wird dieses Verfahren „*Nachformverfahren*" benannt. Die Kurvendarstellung dient bei diesem Verfahren als „Bezugskurve" bzw. als „Bezugsform", auf die sich die am Werkstück hervorgebrachte Kurve jeweils geometrisch bezieht.

Werden dagegen die Flächenbildungskurven mit getrieblichen Mitteln derart verwirklicht, daß sie als Bahnkurven von Getriebepunkten entstehen, liegt eine kinematische und damit eine geometrische Erzeugung von Flächenbildungskurven vor. Die Getriebeabmessungen gehen auf Bestimmungsgrößen zurück, die sich aus dem zugrunde liegenden Gesetz der Kurven ergeben, und benötigen keine Kurvendarstellung. Da hierbei Flächenbildungskurven am Werkstück ohne Benutzung einer bereits vorhandenen gleichen oder geometrisch verwandten Kurvendarstellung hervorgebracht werden, soll auf dieses Verfahren der Begriff „Erzeugung" im engeren Sinne ausschließlich angewandt werden. Unter „*Erzeugungsverfahren*" werden dementsprechend solche Verfahren verstanden, bei denen Flächenbildungskurven unter Benutzung von Getrieben „erzeugt" werden.

Bei der Einordnung der Abspanverfahren in diese drei Hauptgruppen können sich Schwierigkeiten ergeben, wenn die Fläche des Werkstückes dadurch gebildet wird, daß eine Flächenbildungskurve im Nachformverfahren, die andere im Freiform- oder Erzeugungsverfahren zustande kommt. Um Zwischengruppen hierfür zu vermeiden, werden wir Verfahren, die beide Flächenbildungskurven nachformen, der Hauptgruppe Nachformverfahren und solche, bei denen mindestens eine Flächenbildungskurve im Freiformverfahren zustande kommt oder „erzeugt" wird, den Freiform- bzw. Erzeugungsverfahren zuordnen.

Wir können nunmehr die drei Hauptgruppen der Abspanverfahren folgendermaßen definieren:

1. Freiformverfahren:

Abspanverfahren, bei denen mindestens eine Flächenbildungskurve am Werkstück ohne gesetzmäßigen Ablauf der Werkzeugbewegungen und ohne mechanischen Zusammenhang mit einer Kurvendarstellung zustande kommt. Die bildliche oder körperliche Darstellung der Flächenbildungskurve wird zum Vergleich herangezogen.

2. Nachformverfahren:

Abspanverfahren, bei denen die bildliche oder körperliche Darstellung beider Flächenbildungskurven unter Beachtung bestimmter geometrischer Abbildungsgesetze mit Hilfe mechanischer Übertragungsmittel durch Schneidwerkzeuge auf das Werkstück übertragen werden.

3. Erzeugungsverfahren:

Abspanverfahren, bei denen mindestens eine Flächenbildungskurve als Bahnkurve von Getriebepunkten erzeugt wird. Die Getriebeabmessungen sind auf das mathematische Gesetz der Flächenbildungskurve zurückzuführen.

Während die freien, keinem geometrischen Gesetz unterliegenden Bewegungen des Freiformverfahrens von Hand ausgeführt werden, bedingt die zwangläufige Führung von Werkzeug und Werkstück sowohl nach dem Nachform- wie nach dem Erzeugungsverfahren die Werkzeugmaschine. Diese ist auch allein in der Lage, die Werkzeugbewegungen nach einem Führungsgesetz zu führen.

Alle drei Verfahrensgruppen haben in der Fertigungstechnik nebeneinander ihren bestimmten Platz. Viele Werkstückflächen können nach jedem der drei Verfahren hergestellt werden; die Wahl des einen oder anderen Verfahrens hängt von der Wirtschaftlichkeit und der geforderten Genauigkeit ab.

Bevor die den einzelnen Verfahren zugrunde liegenden geometrischen Verhältnisse in den nächsten Abschnitten untersucht werden, sei noch eine alle Verfahrensgruppen betreffende Betrachtung eingeschaltet:

Nur in Ausnahmefällen können die Verfahren eine feste Werkzeugschneide als Flächenbildungskurve zur Einwirkung auf das Werkstück bringen, z. B. beim Formdreh- oder Formhobelmeißel. In den meisten Fällen werden entweder aus dem Verfahren heraus, wie z. B. beim Freiformen oder bei einer sich ändernden Erzeugenden, oder um die zur Zerspanung notwendigen Kräfte nicht auf einmal voll aufbringen zu müssen, die Flächenbildungskurven aufgelöst und punktweise zur Wirkung gebracht. Die Zerlegung würde theoretisch bei unendlich dichter Aufeinanderfolge der Punkte die gleiche Flächenstruktur wie eine feste Werkzeugschneide liefern, aus wirtschaftlichen. Gründen begnügt man sich aber mit einem endlichen Abstand von Punkt zu Punkt und nimmt eine Arbeitsfläche in Kauf, die aus dicht nebeneinanderliegenden Flächenelementen besteht. Die Abweichung einer solchen Fläche von einer idealen geometrischen Fläche ist je nach dem Abstand der aufeinanderfolgenden Rillen und der Rundung der Werkzeugschneide verschieden und wird vereinbart, etwa durch die Rauhtiefe und den Riefenabstand nach DIN 7183, Bl. 2.

Die durch Zerlegung der Flächenbildungskurve entstandenen Flächenelemente können grundsätzlich in jeder Anordnung aneinandergereiht werden, z. B. parallel bei Zylinderflächen, schraubenlinienförmig beim Drehen oder windschief bei Flächen mit sich ändernder Erzeugender. Daneben werden wir noch Werkstücke mit schuppiger Flächentextur unterscheiden können, die durch Werkzeuge entstehen, deren Schneiden nur vorübergehend im Eingriff stehen und deshalb kommaförmige Späne abtrennen.

Da die Frage der Flächentextur nicht Sache der hier behandelten „Hauptgeometrie" ist, wird nicht weiter darauf eingegangen. Sie müßte in diesem Zusammenhang einer besonderen Bearbeitung vorbehalten bleiben.

31. Freiformverfahren.

Das Freiformverfahren in der Zerspanung ist ursprünglich ein reines Handverfahren, bei dem die freien, keinem geometrischen Gesetz folgenden Werkzeugbewegungen voneinander verschieden und nicht in gleicher Weise und Folge wiederholbar sind. Das Freiformverfahren liefert deshalb Flächen mit einmaliger, ursprünglich geschaffener und im Gegensatz zu den Maschinenverfahren nicht genau wiederholbarer Gestalt.

Zwischen Kurvendarstellung und Werkstück besteht kein mechanischer Zusammenhang, die bildliche oder körperliche Darstellung der Flächenbildungskurven in Form von Zeichnungen, Lehren oder Modellkörpern dient nur der Vergleichsmessung und hat keine unmittelbare geometrische Bedeutung für das Verfahren.

Dieses Freiformverfahren benutzen Bildhauer, Modellbauer, Werkzeugmacher und Lehrenbauer. Ihre Arbeit ist wertvollste und teuerste Handarbeit und wird außer für künstlerische Arbeiten nur für die Herstellung von Modellen, Musterstücken, Meisterstücken, Bezugsformstücken, Gesenken, Lehren und Werkzeugen angewandt, in ganz wenigen Fällen nur für Gebrauchsstücke, für die infolge zu geringer Stückzahlen die Herstellung im Nachform- oder Erzeugungsverfahren nicht wirtschaftlich ist.

Werkzeuge dieses Handverfahrens sind vor allen Dingen Meißel, Stichel, Säge und Feile. Zur Zerspanung überflüssigen Werkstoffes werden aber auch Werkzeugmaschinen verwandt, so z. B. Fräs- und Bohrmaschinen oder Handschleifmaschinen mit biegsamer Welle. Zu dieser Verfahrensgruppe zählen weiterhin die bekannten von Hand betätigten Gesenkfräsmaschinen (136, 192, 205) und Universal-Werkzeugfräsmaschinen (131, 154, 228). Auch bei Benutzung dieser Werkzeugmaschinen ist die letzte Bearbeitungsstufe meist nur von Hand vorzunehmen.

Nach unserer Definition liegt auch dann ein Freiformverfahren vor, wenn die zweite Flächenbildungskurve im Nachformverfahren zustande kommt, z. B. als geradlinige oder kreisförmige Relativbewegung zwischen Werkstück und Werkzeug oder als negative Abbildung des Werkzeugprofils (s. Abschn. 321.3).

Wir rechnen deshalb sowohl das Hobeln, Stoßen, Sägen, Feilen, Fräsen und Schleifen von Umriß- und Zylinderflächen als auch das Drehen von Umdrehungsflächen dem Freiformverfahren zu, wenn die Führung des Werkzeuges auf einer Flächenbildungskurve, im allgemeinen auf der Erzeugenden, *von Hand nach Anriß* erfolgt.

Als Werkzeugmaschinen dienen normale Hobel-, Stoß-, Feil- und Sägemaschinen sowie Drehbänke, Fräsmaschinen und Schleifmaschinen, deren Vorschubbewegungen durch Auskurbeln oder Aussteuern von Hand betätigt werden. Als Sondermaschine sei weiterhin eine Schnittplattenfräsmaschine (211) erwähnt. Es zählen zu dieser Gruppe auch Maschinen, die von Hand betätigte elektrische oder hydraulische Steuereinrichtungen besitzen, wie z. B. eine durch Einhebel elektrisch gesteuerte Waagerechtfräsmaschine (54, 137). Weiterhin gehören hierzu Maschinen, die zur Erhöhung der Genauigkeit Werkstück und Werkzeug durch Projektion oder in Aufsicht optisch vergrößern, wie die Projektionsformenschleifmaschine (49, 61, 79, 230), die Werkzeugschleifmaschine mit Projektionsschirm und die Formenschleifmaschine mit Fernrohrvergrößerung (23, 24, 184).

Als Sonderfall ist ein Form- und Stempelhobler (227) zu betrachten, mit dem Stempel gehobelt werden können, die einen Fuß besitzen. Dies wird dadurch erreicht, daß der Hobelstahl auf dem letzten Stück seines Weges durch ein Hebelgetriebe halbkreisförmig nach außen ausgelenkt wird. Wir haben hier den Fall, daß an der Bildung einer Fläche alle drei Abspanverfahren beteiligt sind: Die Erzeugende (Umriß) wird von Hand im Freiformverfahren ausgekurbelt, die geradlinigen Werkzeugbewegungen sind den Werkzeugführungen nachgeformt, der kreisbogenförmige Auslauf des Fußes wird getrieblich erzeugt.

32. Nachformverfahren.

Nachformverfahren werden solche Verfahren genannt, die Flächen am Werkstück durch Übertragung bildlicher oder körperlicher Darstellungen *beider* Flächenbildungskurven auf das Werkstück unter Beachtung geometrischer Abbildungsgesetze mit Hilfe von mechanischen Übertragungsmitteln durch abspanende Werkzeuge bilden. Nachformen ist demgemäß die Verwirklichung des geometrischen Begriffes „Abbilden" in abspanenden Werkzeugmaschinen.

Als Übertragungsmittel werden alle Glieder in nachformenden Werkzeugmaschinen aufgefaßt, die den geometrischen Zusammenhang zwischen Kurvendarstellung und Werkkurve mittels Taster und Werkzeug mechanisch verwirklichen. Diese Werkzeugmaschinen sind deshalb als nachformende Werkzeugmaschinen in Schrifttum und Praxis bekannt. Diese Benennung wird auch in Verbindung mit der Gattung einer Werkzeugmaschine gebraucht, z. B. Nachformdrehbank oder Nachformfräsmaschine.

Da sich nachgeformte Werkstücke stets auf die Darstellung beider Flächenbildungskurven geometrisch beziehen, sollen Kurvendarstellungen, die zum Nachformen benutzt werden, den Sammelbegriff „Bezugsform" erhalten. Bezugsform in diesem Sinne können feste Körper oder auch Zeichnungen sein, soweit ihre zum Nachformen benutzten Kurven eindeutig genug physikalisch feststellbar sind. Neben Führungen in Werkzeugmaschinen und Vorrichtungen, Schablonen, Modellkörpern, Meisterstücken, Steuerkurven, Kurvenscheiben, Kurvenzylindern, Kurventrommeln und Werkzeugprofilen sind darunter auch Zeichnungen zu verstehen, insbesondere solche auf schwundfreiem Papier, Blech oder Zelluloid, die z. B. die Übertragung mit Hilfe von Photozellen oder anderen optischen oder elektrischen Mitteln gestatten.

Für die einheitliche Begriffsfestlegung in dieser Arbeit und als Anregung darüber hinaus soll grundsätzlich durch Vorsetzen der Silben „Bezugs-" die Verwendung des entsprechenden Gegenstandes zum Nachformen ausgedrückt werden. So soll z. B. der Ausdruck Bezugsformstück für einen Modell- oder Meisterkörper gebraucht werden, Bezugsformschiene für eine Schablone im Parallelkoordinatensystem, Bezugsformscheibe für eine solche im Polarkoordinatensystem. Nachzuformende Kurven werden dementsprechend allgemein Bezugskurven, Kurven an den Werkstücken Werkkurven genannt.

Unsere weiteren Betrachtungen der Nachformverfahren sollen sich auf den *geometrischen* Zusammenhang zwischen Bezugskurve und Werkkurve und die diesen geometrischen Zusammenhang vermittelnden Übertragungselemente beschränken, die die Gestalt der Werkstückfläche im Sinne der Hauptgeometrie beeinflussen. Die Betätigung der

Übertragungsmittel zur Verwirklichung der geometrischen Verhältnisse, die sich auch auf die Fehlergeometrie auswirkt, geht über den Rahmen dieser Arbeit hinaus; es soll nur eine kurze Übersicht über die zur Verfügung stehenden Betätigungen gegeben werden.

Da dem gewählten Begriff „Nachformen" geometrisch der Begriff „Abbilden" entspricht, könnte man auch von „abbildenden" Verfahren, Werkzeugmaschinen usw. sprechen. Bei Wortzusammensetzungen ergibt jedoch nur das „Nachformen" einwandfrei deutbare Benennungen. Es sollen deshalb die in die Praxis bereits eingegangenen Begriffe „Nachformverfahren", „Nachformwerkzeugmaschine", „Nachformfräsmaschine" usw. ausschließlich zur Kennzeichnung dieses Verfahrens und der dazu dienenden Werkzeugmaschinen usw. benutzt werden, während den geometrischen Untersuchungen der Abbildungsbegriff zugrunde gelegt wird.

In der Geometrie versteht man unter dem Begriff „Abbildung" Verfahren, durch die gegebenen Punkten eines Bereiches bestimmte Punkte eines anderen Bereiches nach bestimmten Gesetzen zugeordnet werden, z. B. einer Figur auf der Ebene I eine Figur auf der Ebene II oder einer Figur auf der Kugel eine Figur auf der Ebene.

Dementsprechend verstehen wir unter „Abbilden" das Zuordnen von Punkten verschiedener Bereiche nach geometrischen Gesetzen, durch die die geometrische Verwandtschaft der aufeinander bezogenen Figuren gekennzeichnet wird.

Grundsätzlich können Punkte sowohl gleichartiger als auch verschiedenartiger Bereiche einander zugeordnet werden. So kennen wir als besondere Abbildungen die optische und die geodätische Abbildung. Unter der Vielzahl von möglichen Abbildungen beschränkt sich das Nachformen in dem bisher bekannten Umfang auf die Zuordnung von Kurven, die jeweils im ebenen oder räumlichen Koordinatensystem liegen. Wir werden dementsprechend in Verfahren zum Nachformen ebener Kurven und solche zum Nachformen von Raumkurven gliedern, wobei jeweils Kurven im Parallel- und Polar- bzw. Zylinderkoordinatensystem nebeneinander behandelt werden.

Im folgenden beschränken wir uns auf die Untersuchung der Abbildung *einer* Flächenbildungskurve, ohne Rücksicht darauf, welchem Abbildungsgesetz die andere unterliegt.

321. Geometrische Verhältnisse beim Nachformen ebener Kurven.

Als Abbildungsgesetze zur Vermittlung von Abbildungen zwischen zwei Ebenen werden zum Nachformen aus der großen Zahl der in der Geometrie bekannten oder möglichen Gesetze einige wenige herangezogen und in Gruppen zusammengefaßt. Da diese Gruppenbildung nur dem heutigen Stand der Nachformtechnik entspricht, ist es denkbar, daß später weitere Abbildungsgesetze hinzukommen können.

321.1. Abbildung durch Projektionen.

Außer den bekannten Projektionsarten, der Parallelprojektion und der Zentralprojektion, wird noch eine dritte Projektionsart eingeführt, die „Kreisbogenprojektion" benannt wird.

321.11. Parallelprojektion.

Kurven auf zwei verschiedenen Ebenen, die durch Parallelprojektion auseinander hervorgehen, sind parallelverwandt oder affin (6). Durch die Parallelprojektion wird die Kurve in der Ebene I auf die Ebene II affin abgebildet. Die Ebenen können eine beliebige Lage zueinander haben, sich z. B. schneiden. Als Sonderfall gilt die parallele Lage.

Durch die Parallelprojektion wird jedem Punkt der einen Kurve ein Punkt der anderen zugeordnet. Die parallelen Projektionsstrahlen, die die zugeordneten Punkte verbinden, werden auch Affinitätsstrahlen genannt.

Beide Ebenen schneiden sich in der Affinitätsachse. Alle Strecken parallel zur Affinitätsachse bleiben in gleicher Größe erhalten, die Entfernungen aller Punkte senkrecht zur Affinitätsachse werden nach dem Strahlensatz im gleichen Verhältnis linear gestreckt.

Für die geometrische Verwandtschaft sind jeweils geometrische Größen kennzeichnend, die bei einer Abbildung unverändert bleiben und deshalb Invarianten genannt werden.

Lage der beiden Ebenen	Geom. Verwandtschaft	Invarianten
parallel	Kongruenz (kongruente Abbildung)	Streckenlänge und Winkel
schneiden sich	Affinität[1] (affine Abbildung)	Teilverhältnis jeder Strecke und Parallelität

Die Abbildung durch Parallelprojektion liegt allen Nachformverfahren zugrunde, deren Übertragungsmittel die Flächenbildungskurven an der Bezugsform geradlinig parallel auf das Werkstück übertragen. Den Projektionsstrahlen entsprechen dabei geradlinige Werkzeugbewegungen oder Werkzeugmantellinien.

Mit dieser Gruppe der Nachformverfahren können nur allgemeine Zylinderflächen, einschließlich des Sonderfalles der Ebene am Werkstück hergestellt werden.

---

[1] Die affine Verwandtschaft der darstellenden Geometrie ist im Gegensatz zu der der analytischen Geometrie enger gefaßt und schließt nur die einseitige proportionale Streckung neben der kongruenten Abbildung ein. Der Affinitätsbegriff der analytischen Geometrie umfaßt außerdem noch die zweiseitige proportionale Streckung mit dem Sonderfall der ähnlichen Abbildung (s. S. 26).

Beispiele für kongruente Abbildung:

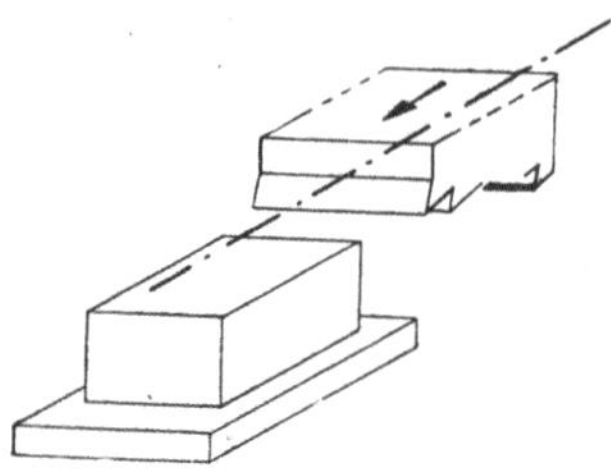

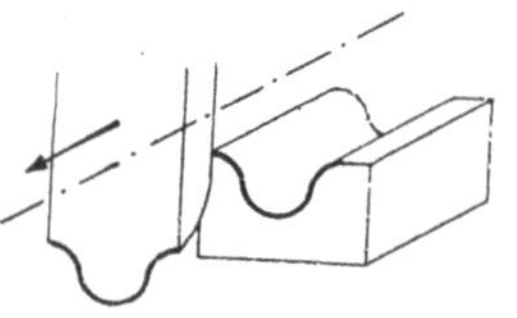

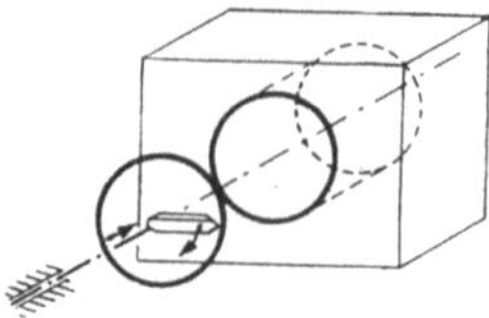

Abb. 4.
Außenräumen einer Ebene.

Abb. 5. Hobeln mit Formstahl
mit Spanwinkel $\gamma = 0°$.

Abb. 6.
Bohren von Kreiszylindern.

Zu Abb. 4–6: Bei geradliniger Relativbewegung zwischen Werkstück und Werkzeug werden die in der Normalebene liegenden Werkzeugschneiden oder Flugkreise als Erzeugende auf das Werkstück abgebildet. Die Abbildung erfolgt gegensinnig (s. Abschn. 321.3). Die geradlinige Bewegung wird durch Parallelverschiebung (s. Abschn. 321.21) nachgeformt. Bezugsform und Taster treten nicht in Erscheinung.

Weitere Beispiele: Holzhobelmaschine, Messer- und Ziehklingenmaschine, Stanzen mit Stempeln und Formmessern, Innenräumen, Wellenschälmaschine.

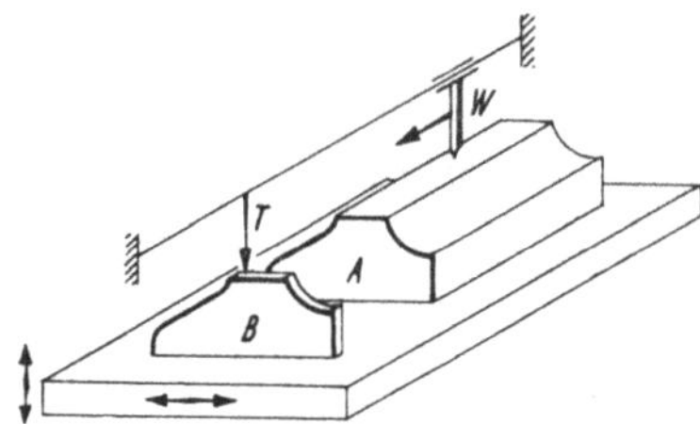

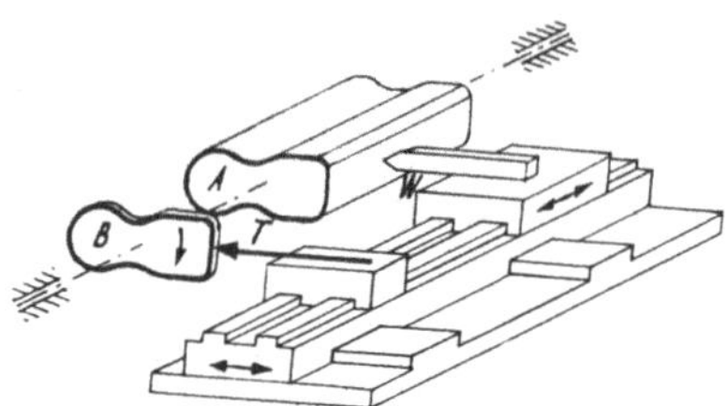

Abb. 7.
Nachformhobeln mit spitzem Werkzeug.

Abb. 8.
Nachformhobeln von Kurbelwellenwangen (156).

Zu Abb. 7–8: Werkstück und ebene Bezugsform sind parallel aufgespannt. Taster T und Werkzeug W liegen auf einem Projektionsstrahl. Nach jedem Hub wird der Tisch der Abb. 7 nach Höhe und Seite verstellt, in Abb. 8 Werkstück A und Bezugsform B auf gemeinsamer Achse gedreht und T und W auf dem Polstrahl einwärts oder auswärts gefahren.

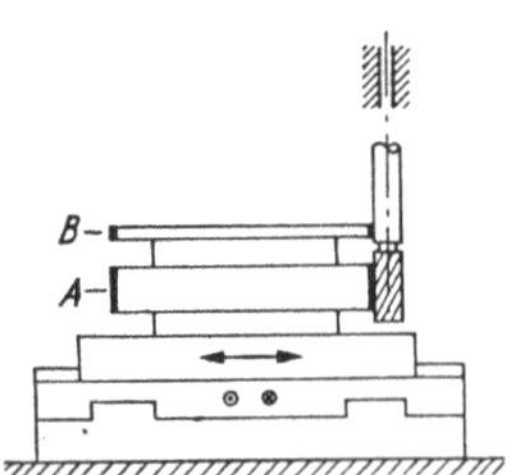

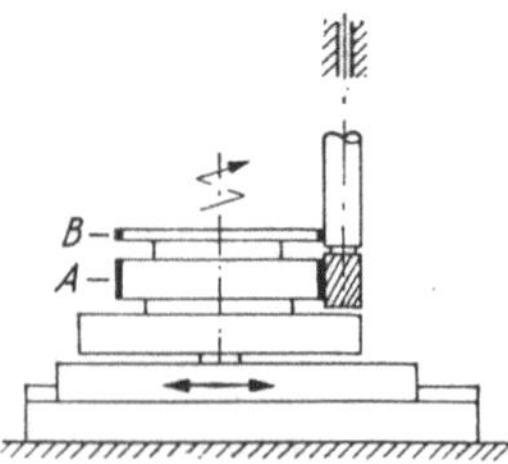

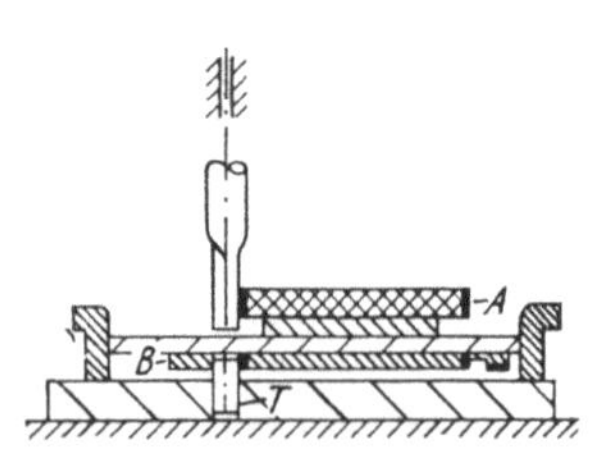

Abb. 9. Nachformfräsen von Zylinderflächen im Teilumriß (5).

Abb. 10. Nachformfräsen von Zylinderflächen im Vollumriß (181).

Abb. 11. Nachformoberfräse mit Handbetätigung (140).

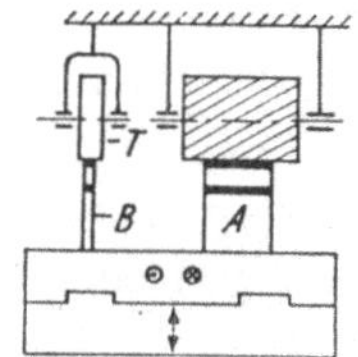

Abb. 12. Nachformfräs-
maschine für Stangen o. ä.

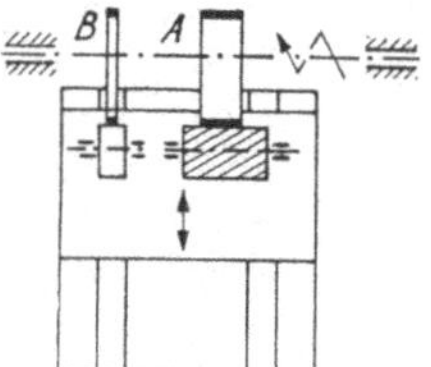

Abb. 13. Nocken- und Kurbel-
wellenwangenfräsmaschine
(215, 225).

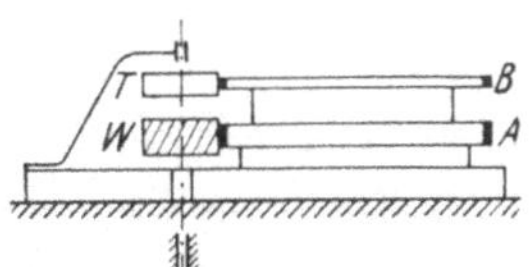

Abb. 14. Unterfräse mit Anlaufring (38, 141, 171).

Zu Abb. 9–14: Der Fräserschaft dient als Taster. Für Teilumrißarbeiten Verschiebung des Tisches in zueinander senkrechten Richtungen, für Vollumrißarbeiten Drehtisch und Bewegung des Unterschlittens auf Polstrahl. Bei Oberfräsen ist der gleichachsige Nachformstift T vom Werkzeug getrennt. Die Bezugskurve unter dem Brett wird von Hand an T entlang geführt. Zur Vermeidung der Reibung am Fräserschaft wird gleichachsige Tastrolle oder Anlaufring T benutzt.

Kongruente Abbildung ist nur möglich, wenn T und W gleiche Durchmesser haben, sonst Abbildung durch Gleichabständige (s. Abschn. 321.41).

Beispiele für affine (einseitig gestreckte) Abbildung.

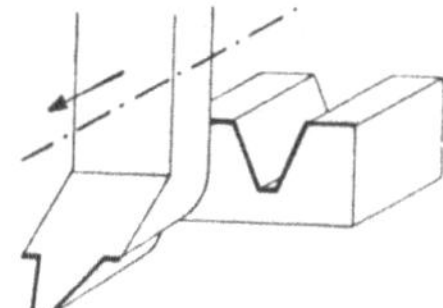

Abb. 15. Ebenes Formwerkzeug
mit Spanwinkel $\gamma > 0°$.

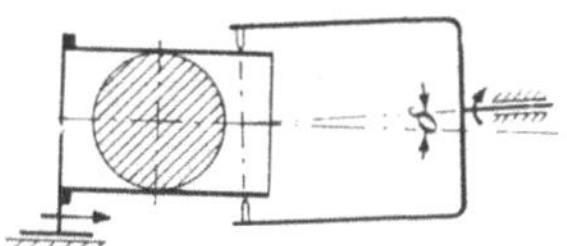

Abb. 16. Drehen eines elliptischen
Zylinders.

Zu Abb. 15–16: Sämtliche Punkte der formgebenden Werkzeugschneide bzw. des von der Werkzeugspitze beschriebenen Kreises werden auf das Werkstück affin, d. h. einseitig proportional gekürzt abgebildet, indem alle Strecken senkrecht zur Schnittgeraden der beiden Ebenen mit dem Kosinus des von beiden Ebenen eingeschlossenen Winkels multipliziert werden. Die Abbildung eines Kreises ergibt dabei eine Ellipse. Man verwendet diese Anordnung z. B. zum Elliptischdrehen von Kolben für Verbrennungskraftmaschinen (113) oder auch von langen elliptischen Stangen.

321.12. Zentralprojektion.

Die Zentralprojektion arbeitet mit Projektionsstrahlen, die von einem Projektionszentrum ausgehen. Es ergeben sich hier bei verschiedener Lage der aufeinander bezogenen ebenen Figuren folgende Abbildungsfälle:

Lage der beiden Ebenen	Geom. Verwandtschaft	Invarianten
parallel	Ähnlichkeit (ähnliche Abbildung)	Streckenverhältnis und Winkelgröße
schneiden sich	Perspektivität (perspektive Abbildung)	Doppelverhältnis aller Strecken und Strahlen

Die durch die Zentralprojektion vermittelte ähnliche Abbildung entspricht der doppelten gleichmäßigen Streckung der analytischen Geometrie.

Die nach der Zentralprojektion arbeitenden Übertragungsmittel benutzen die Projektionsstrahlen für die Werkzeugbewegungen oder als Werkzeugachse. Sie dienen vor allen Dingen zum Nachformen ähnlicher und perspektiver Kurven sowie allgemeiner Kegelflächen.

Beispiele für ähnliche Abbildung.

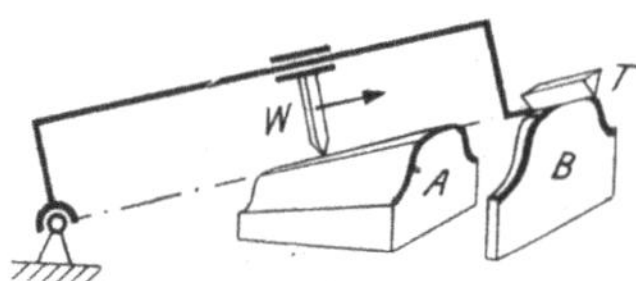

Abb. 17. Nachformhobeln von Kegelrädern (239).

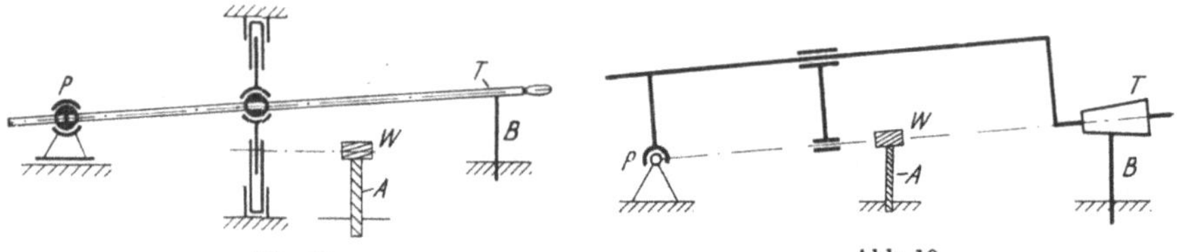

<table>
<tr><td>Abb. 18.
Nachformfräsmaschine, handbetätigt (127).</td><td>Abb. 19.
Nachformfräsmaschine, selbsttätig (172).</td></tr>
</table>

Zu Abb. 17–19: Schwenkpunkt, Werkzeug und Taster liegen auf einem Projektionsstrahl. Bei Umführung des Tasters auf der ebenen Bezugskurve entstehen durch das Werkzeug eine allgemeine Kegelfläche und in Ebenen parallel zur Ebene der Bezugskurve ähnliche Werkkurven. Bei der Nachformfräsmaschine Abb. 18 wird B auf die Ebene des Parallelschiebers ähnlich verkleinert projiziert und am Werkstück A gefräst. Die Verkleinerung erfolgt nach dem Strahlensatz.

321.13. Kreisbogenprojektion.

Außer den aus der Geometrie bekannten Abbildungen durch Parallel- und Zentralprojektion kennt die Fertigungstechnik eine weitere Abbildungsart, die durch ein besonderes Abbildungsverfahren vermittelt wird, das in sinngemäßer Abwandlung der bekannten Projektionsarten, die mit Strahlen arbeiten, „Kreisbogenprojektion" benannt werden soll.

Wir verstehen hierunter die Übertragung sämtlicher Punkte einer im Zylinderkoordinatensystem liegenden ebenen oder räumlichen Kurve durch Kreisbogen auf *eine* Achsebene, wobei wir von der festen Systemachse ausgehen und die Abweichung φ eines jeden Punktes auf Null zurückführen, d. h. auf die Nullmeridianebene unter Beibehaltung der r- und z-Werte (Abb. 20). Da hierdurch jedem Punkte A, B die Punkte

A', B' auf der Nullmeridianebene eindeutig zugeordnet werden, wird durch diese Projektionsart ebenfalls eine Abbildung vermittelt.

In der Nachformtechnik tritt die Kreisbogenprojektion in Erscheinung, wenn sich Werkstück oder Werkzeug oder beide um eine feste Achse drehen. Die Abbildung durch Kreisbogenprojektion erfolgt grundsätzlich im Ver-

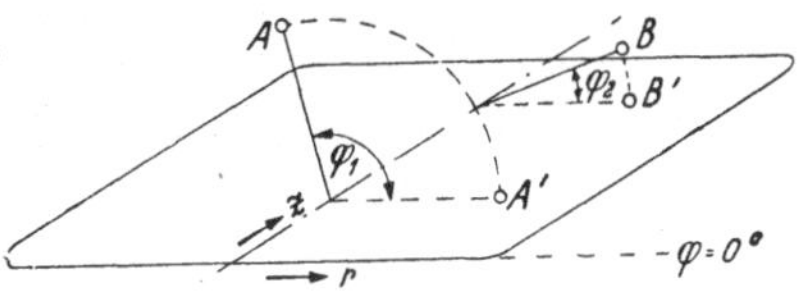
Abb. 20. Kreisbogenprojektion.

hältnis 1:1 und ist bei der Fertigung mit einer Sinnumkehrung (s. Abschn. 321.3) verbunden; es entfällt deshalb auch eine besondere Bezugsform und Taster.

Bei der Kreisbogenprojektion können wir nach der gegenseitigen Lage von Werkzeugschneidenebene und Werkstückprofilebene verschiedene Abbildungsfälle unterscheiden, wobei man einen Schnitt durch die Achse eines Drehkörpers als Profilebene auffaßt:

Lage der Ebenen	Geom. Verwandtschaft	Invarianten
Werkzeugschneidenebene fällt mit einer Werkstückprofilebene zusammen bzw. Schnittgerade in Drehachse	kongruente Abbildung	Streckenlängen und Winkelgrößen
Werkzeugschneidenebene schneidet jede Werkstückprofilebene[1]		
a) Schnittgerade parallel zur Drehachse	radial verzerrte Abbildung	Streckenlängen parallel zur Drehachse
b) Schnittgerade nicht parallel zur Drehachse	radial und axial verzerrte Abbildung	keine

Wenn man außerdem noch berücksichtigt, daß die Relativbewegung zwischen Werkzeug und Werkstück geradlinig oder kreisbogenförmig erfolgen kann, ergeben sich verschiedene Abbildungsfälle. Allgemein bekannt ist das Drehen mit ebenen Formmessern, wobei die formgebende Werkzeugschneide auf die Profilebene des Werkstückes kongruent abgebildet wird. Ein Sonderfall ist die Abbildung einer Geraden als Werkzeugschneide, wodurch ein Kreiszylinder oder Kreiskegel entsteht. Kongruente Abbildungen entstehen auch, wenn mit einem hinterdrehten Formfräser, der radial gerichtete Brustflächen besitzt, oder mit Profilschleifscheiben gearbeitet wird.

Sobald die Schnittgerade der Werkzeugebene und Profilebene am Werkstück nicht mehr mit der Systemachse zusammenfällt, entstehen

---

[1] Von den unendlich vielen Profilebenen wird eine herangezogen, die einen ausgezeichneten Punkt der anderen Ebene, z. B. die Werkzeugspitze, enthält.

Profilverzerrungen zwischen Werkzeug und Werkstück, die geometrisch durch FINKELNBURG (75) untersucht wurden.

Beispiele für radiale Verzerrung.

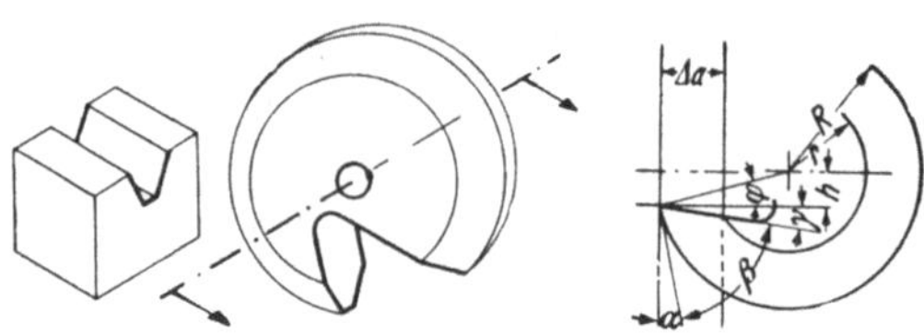

Abb. 21. Stoßen mit Formscheibenstahl.

Zu Abb. 21: Bei gegebener Werkstückprofiltiefe Δa, Winkeln α, γ und größtem Werkzeughalbmesser R ist der kleinste Werkzeughalbmesser:

$$r = \sqrt{R^2 + \frac{\Delta a^2}{\cos^2 \gamma} - 2R \cdot \Delta a \frac{\cos(\alpha + \gamma)}{\cos \gamma}} \; .$$

Abb. 22. Nachformfräsen mit Formfräser.

Zu Abb. 22: Bei einem nach der archimedischen Spirale hinterdrehten Formfräser ist:

$$r = R \cdot \frac{\sin \gamma}{\sin(\gamma + \varphi)} + \frac{\varphi \cdot R \cdot \pi \cdot \sin \alpha}{180}$$

$$\operatorname{tg} \varphi = \frac{\Delta a \cdot \operatorname{tg} \gamma}{R - \Delta a} \; .$$

Diese Profilverzerrung muß beachtet werden (45, 86). Zur schnellen Ermittlung ist ein Gerät bekannt (46).

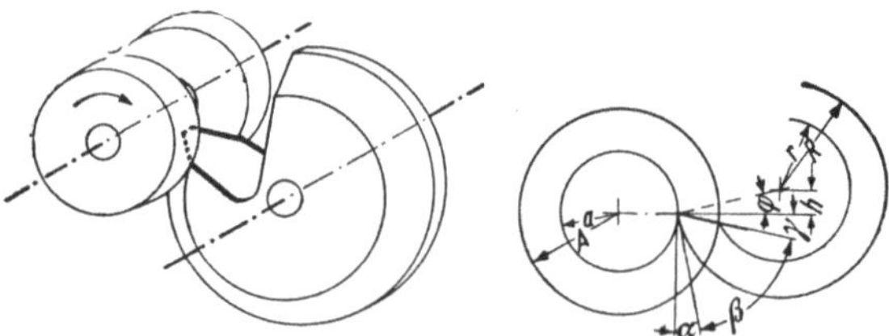

Abb. 23. Nachformdrehen mit Formscheibenwerkzeug.

Zu Abb. 23: Hier ist r:

$$r = \sqrt{R^2 + \frac{A^2 \cdot \sin^2(\gamma - \psi)}{\sin^2 \gamma} - 2R \cdot A \cdot \frac{\sin(\gamma - \psi) \cdot \cos(\alpha + \gamma)}{\sin \gamma}}$$

$$\sin \psi = \frac{a}{A} \cdot \sin \gamma \; .$$

Diese Werkzeuge haben den Vorteil, daß sie billig herzustellen sind (59, 85, 19). Auch für die Ermittlung dieser Verzerrung wurde ein Rechengerät entwickelt (18).

Beispiele für radial und axial verzerrte Abbildung.

Zu Abb. 24: Diese Abbildung ist besonders bekannt und wird für das Abdrehen hyperbolischer Schleifscheiben in spitzenlosen Schleifmaschinen verwendet. Für ein symmetrisches einschaliges Drehhyperboloid von der Länge L, größtem Radius A und Kehlradius a beträgt die Überhöhung über der Mitte

$$h = \sqrt{A^2 - a^2},$$

der Winkel gegen die Achsebene

$$\operatorname{tg} \lambda = \frac{h}{L/2} \cdot \frac{\sqrt{A^2 - a^2}}{L/2}.$$

Den Radius an einer bestimmten Stelle erhält man aus:

$$r' = \sqrt{a^2 + h'^2},$$

wobei $h' = L/2 \cdot \operatorname{tg} \lambda$ ist.

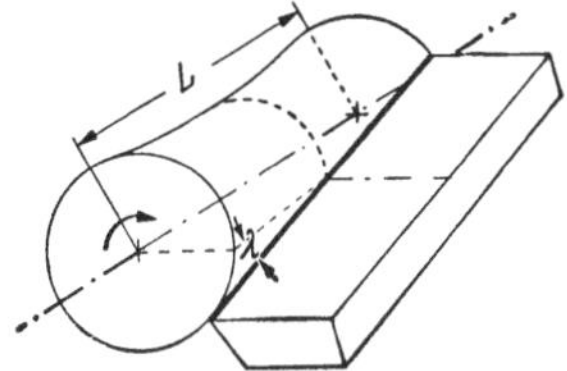

Abb. 24.
Drehen eines Drehhyperboloids.

321.2. Abbildung durch affine Transformationen.

Die analytische Geometrie vermittelt Abbildungen ebener Figuren mit Hilfe affiner Transformationen. Im Gegensatz zur darstellenden Geometrie umfaßt hier die affine Verwandtschaft noch die kongruente, doppelt gestreckte sowie die ähnliche Abbildung.

Auch hier ist kennzeichnend, daß jedem Punkt der einen Ebene ein Punkt der anderen Ebene zugeordnet werden kann und daß Geraden selbst sowie die Parallelität von Geraden bei der Abbildung erhalten bleiben.

Man nimmt in der Ebene I ein Parallelkoordinatensystem ξ, η und in der Ebene II ein solches mit x, y an. Ferner seien a_1, a_2, a_3 und b_1, b_2, b_3 beliebige Konstanten, deren Determinanten $(a_1 b_2 - b_1 a_2)$ von Null verschieden sind. Nach MANGOLDT-KNOPP (12) erhält man eine affine Abbildung der Ebene I auf die Ebene II, wenn man jeden Punkt (ξ, η) der Ebene I dem Punkt der Ebene II zuordnet, dessen Koordinaten durch die lineare Transformation:

$$x = a_1 \cdot \xi + a_2 \cdot \eta + a_3$$

$$y = b_1 \cdot \xi + b_2 \cdot \eta + b_3$$

gegeben werden. Die durch diese Transformation vermittelte Abbildung ist umkehrbar eindeutig, so daß sich sämtliche Punkte der Ebene I auf entsprechende Punkte der Ebene II beziehen lassen und umgekehrt.

Bei der affinen Abbildung durch lineare Transformation ist man grundsätzlich nicht an eine bestimmte Lage der beiden Ebenen zueinander gebunden. Der einfacheren Darstellung wegen wählen wir die parallele Lage beider Ebenen, und zwar so, daß die entsprechenden rechtwinkligen Koordinatenachsen aufeinanderfallen. Wir können dann nach MANGOLDT-KNOPP folgende 4 Hauptfälle der affinen Abbildung unterscheiden (Abb. 25):

1. Parallelverschiebung.

Jeder Punkt (ξ, η) einer Figur erfährt bei der Abbildung eine Verschiebung parallel zu den Koordinatenachsen. Wenn die Verschiebung in x-Richtung um die Strecke a erfolgt und die in y-Richtung um die Strecke b, läßt sich jeder Punkt der Figur in der Abbildungsebene bestimmen durch:

$$x = \xi + a; \quad y = \eta + b.$$

Es entsteht eine kongruente, gegenüber der Ausgangsfigur parallel verschobene Abbildung.

Ein Sonderfall liegt vor, wenn sowohl a als auch b Null werden. Wir haben es dann mit einer kongruenten deckenden Abbildung wie bei der Abbildung durch Parallelprojektion zu tun (s. Abschn. 321.11).

2. Drehung.

Jeder Punkt einer Figur wird bezüglich des Ausgangskoordinatensystems um den Winkel φ gedreht. Die abgebildeten Punkte lassen sich nach folgenden Gleichungen ermitteln:

$$x = \cos \varphi \cdot \xi - \sin \varphi \cdot \eta; \quad y = \sin \varphi \cdot \xi - \cos \varphi \cdot \eta.$$

Diese Transformation ergibt kongruente, aber um einen bestimmten Winkel gegenüber der Ausgangsfigur gedrehte Abbildungen.

3. Spiegelung.

Jeder Punkt einer Figur wird um eine Koordinatenachse umgeklappt oder gespiegelt. Den ξ-Werten entsprechen gleich große, aber negative x-Werte bei gleichbleibenden η- bzw. y-Werten. Bei Spiegelung um die Abszissenachse wird

$$x = \xi; \quad y = -\eta.$$

Bei Spiegelung um die Ordinatenachse

$$x = -\xi; \quad y = \eta.$$

Durch Spiegelung entstehen spiegelgleiche Abbildungen.

4. Streckung.

Wenn die ξ- oder η-Werte aller Punkte einer Figur mit einem bestimmten Faktor multipliziert auf die zweite Ebene übertragen werden, wird die Figur einseitig gestreckt abgebildet.

Bei Streckung in x-Richtung: $\quad x = l \cdot \xi; \quad y = \eta.$

Bei Streckung in y-Richtung: $\quad x = \xi; \quad\quad y = m \cdot \eta.$

Erfolgt eine Streckung gleichzeitig in beiden Koordinatenrichtungen, liegt eine doppelt gestreckte Abbildung vor. In diesem Falle wird

$$x = l \cdot \xi; \quad y = m \cdot \eta.$$

Als Sonderfall gilt die Streckung in beiden Koordinatenrichtungen mit dem gleichen Faktor

$$x = n \cdot \xi; \quad y = n \cdot \eta.$$

1. Parallelverschiebung.

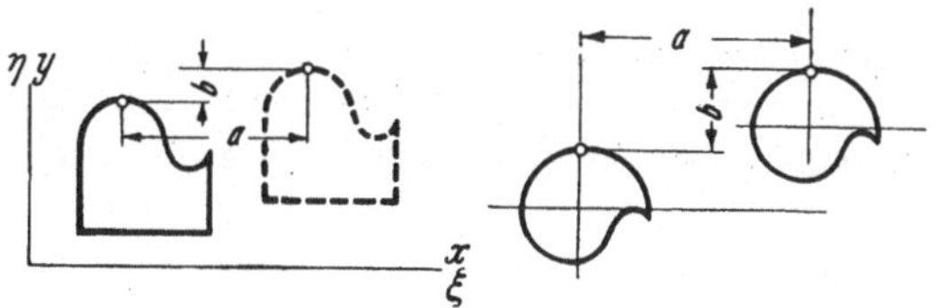

2. Drehung.

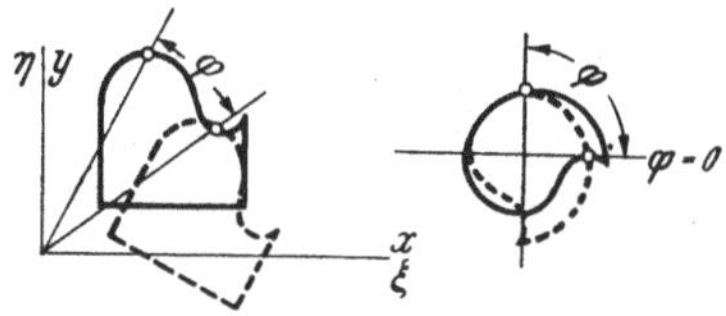

3. Spiegelung.

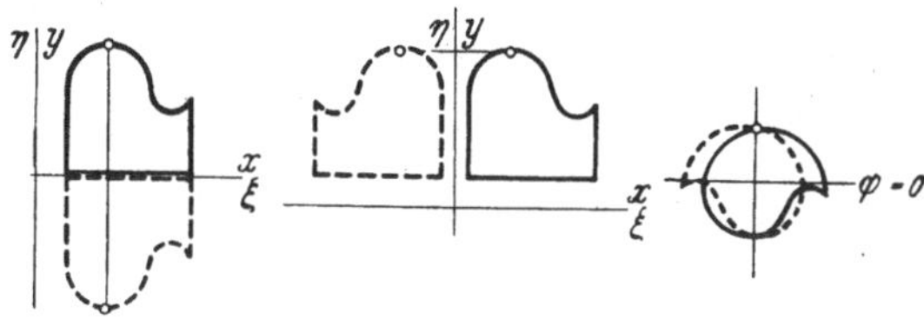

4. Streckung.

a in einer Koordinatenrichtung.

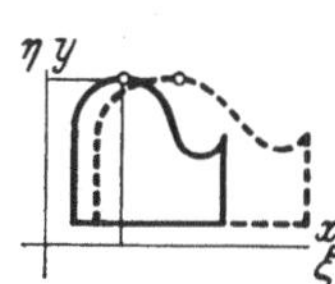
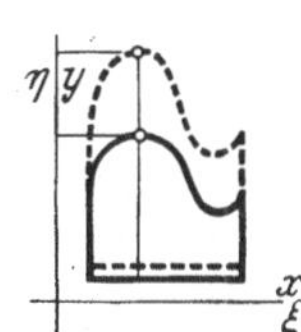

b in beiden Koordinatenrichtungen.

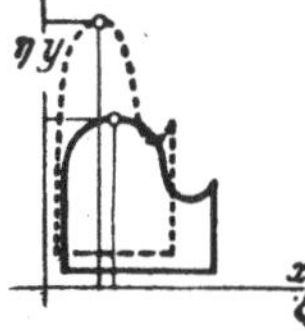

c in beiden Koordinatenrichtungen mit gleichem Faktor (ähnliche Abbildung).

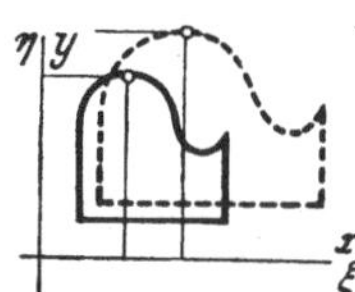
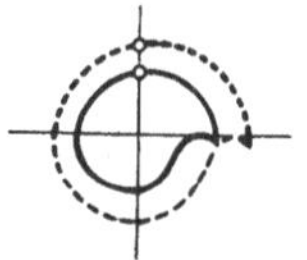

Abb. 25. Abbildung durch affine Transformationen.

Gres, Die geometrischen Verhältnisse.

Eine solche Transformation ergibt ähnliche Abbildungen (vgl. Zentralprojektion, Abschn. 321.12).

Unter den Begriff der Streckung fällt auch die proportionale Verkürzung oder Verkleinerung; in diesem Falle nimmt der Streckungsfaktor den Wert < 1 an. Der Streckungsfaktor 1 ergibt eine kongruente Abbildung, die mit Abschn. 321.11 identisch ist.

Die bisherigen Feststellungen wurden nur für Kurven im rechtwinkligen Koordinatensystem gemacht. Entsprechendes gilt aber auch für Figuren in anderen Koordinatensystemen, die sich auf ein rechtwinkliges Koordinatensystem beziehen lassen. So lassen sich z. B. Figuren im Polarkoordinatensystem in gleicher Weise behandeln, wenn der Pol mit dem Koordinatenanfangspunkt und der Grundstrahl mit einer Koordinatenachse zusammenfallen. Hierbei sind von besonderem Interesse zwei Feststellungen:

Anstatt die Spiegelung durch Multiplikation der ξ- oder η-Werte mit dem Faktor (-1) durchzuführen, kann sie auch dadurch erreicht werden, daß die positive Winkelkoordinate eines jeden Punktes negativ genommen wird, also im entgegengesetzten Umlaufsinn.

Eine ähnliche Abbildung durch gleichmäßige Streckung in beiden Koordinatenrichtungen kommt auch dann zustande, wenn nur der Radiusvektor bei unveränderter Winkelkoordinate proportional gestreckt wird (vgl. Zentralprojektion)[1].

Es kann nun wahlweise je eine dieser 4 Haupttransformationen durchgeführt werden oder gleichzeitig mehrere. Insgesamt sind 16 Kombinationsfälle der affinen Abbildung möglich[2].

Die Fertigungstechnik ist nun in der Lage, alle diese Umwandlungsmöglichkeiten mit geeigneten Übertragungsmitteln zu verwirklichen und von einer Bezugskurve ausgehend affine Werkkurven nachzuformen.

Die hierzu verwandten Übertragungsmittel müssen die Bezugskurve in der Ebene I punktweise in ihre analytischen Komponenten zerlegen, diese Werte den Transformationen unterwerfen, die umgeformten Werte auf die Ebene II übertragen und dort zur affinen Werkkurve zusammensetzen.

Für jede dieser vier Teilaufgaben muß das Übertragungsmittel je ein besonderes getriebliches Element enthalten.

Die Zerlegung aller Punkte einer ebenen Kurve in ihre rechtwinkligen Komponenten kann durch einen den Koordinatenachsen parallelen

---

[1] Hieran schließt der Gedanke an, die Winkelkoordinate ihrerseits einer Streckung mit einem bestimmten Faktor bei unverändertem Radiusvektor zu unterwerfen. Diese besondere Abbildungsart, die nicht zur affinen Verwandtschaft zählt, wird im Abschn. 321.43 behandelt.

[2] Für einzelne Kombinationsfälle sind besondere Benennungen gebildet worden, z. B. Verschiebung + Spiegelung = Gleitspiegelung; Drehung + Spiegelung = Drehspiegelung.

Kreuzschieber derart vorgenommen werden, daß ein Punkt des Oberschiebers von Punkt zu Punkt der Kurve geführt wird. Dabei geben die Stellungen des Kreuzschiebers in jedem Kurvenpunkt die jeweiligen x- und y-Werte, von der Nullstellung aus gerechnet, an.

Die Führung eines solchen Punktes auf einer gezeichneten Kurve, z. B. von Hand, wird Ungenauigkeiten zur Folge haben, die vom menschlichen Auge und Geschicklichkeit abhängig sind. Solche Fehler können durch zwangläufige Führung des Oberschiebers vermieden werden, wenn die Kurve einsinnig in Metall oder anderen festen Stoffen ausgeführt wird und der Oberschieberpunkt als Taster T ausgebildet ist, der durch mechanischen Kraft- oder Formschluß oder mit elektrischen, hydraulischen oder photoelektrischen Mitteln zwangläufig oder annähernd zwangläufig auf der Kurve geführt wird. Damit haben wir kinematisch einen Kurventrieb, wie er zur Umformung von Bewegungen in ihre rechtwinkligen Komponenten nach einer Kurvenfunktion bekannt ist.

Das Zusammensetzen der Werkkurve in der Ebene II kann mit einem gleichen Kurventrieb, jedoch in kinematischer Umkehrung erfolgen, der von Punkt zu Punkt nach den entsprechend umgeformten x- und y-Werten verstellt wird. An die Stelle des Tasters tritt jetzt ein gestaltgebendes Werkzeug W.

Die Umwandlung der x- und y-Werte nach den analytischen Transformationen und die entsprechende Verstellung des zweiten Kurventriebes geschieht durch Kopplung der gleichen getrieblichen Glieder, die dadurch, kinematisch betrachtet, jeweils verschiedene Getriebe miteinander eingeben. Diese Getriebe sind den einzelnen Fällen der affinen Abbildung entsprechend verschieden ausgebildet, wie an Beispielen gezeigt werden soll.

Fallen die Ebenen I und II nicht, wie in den weitaus meisten Fällen, zusammen, so sind außerdem noch weitere getriebliche Mittel für die Übertragung der umgewandelten Werte von Ebene zu Ebene erforderlich. Auf die Behandlung dieser Getriebeteile soll hier jedoch verzichtet werden.

Wir können somit die Grundform der Übertragungsmittel zur Verwirklichung affiner Transformationen folgendermaßen umreißen:

Ein zwangläufiger Kurventrieb in der Ebene I wird mit einem zweiten Kurventrieb in der Ebene II in kinematischer Umkehrung derart getrieblich verbunden, daß die einander parallelen Glieder verschiedene, den Abbildungsfällen entsprechende Getriebe miteinander eingehen. Dem Taster im ersten entspricht ein gestaltgebendes Werkzeug im zweiten Kurventrieb. Liegen die beiden Ebenen nicht aufeinander, sind zusätzliche Getriebeteile zur Übertragung erforderlich.

Bei der Abwandlung dieser Grundform für die einzelnen Kombinationsfälle der affinen Abbildung, für die jeweils Beispiele herangezogen werden, wählen wir die weitaus häufigere Art des Antriebs der Kurventräger bei feststehenden und nur parallel geführten Hubgliedern, anstatt die Hubglieder bei feststehenden Kurventrägern zu verschieben. Kinematisch gesehen, sind beide Variationen gleich, jedoch bietet die für die Darstellung gewählte den Vorteil, daß auch Polarkurven in gleicher Weise zu betrachten sind, da sie sich bei der Drehung im Eingriffspunkt in gleicher Richtung bewegen wie kartesische Kurven.

In den Beispielen wird zunächst grundsätzlich T und W punktförmig angenommen.

321.21. Parallelverschiebung.

Die Abbildung durch Parallelverschiebung ist mit einfachen getrieblichen Mitteln zu verwirklichen und hat deshalb in der Nachformtechnik die größte Verbreitung gefunden.

Parallelverschiebung von Kurven im Parallelkoordinatensystem.

Die Bezugskurve wird auf dem Werkstück nachgeformt indem Taster und Werkzeug, auf gemeinsamem Schlitten fest miteinander gekoppelt, parallel zu den Koordinatenachsen so verschoben werden,

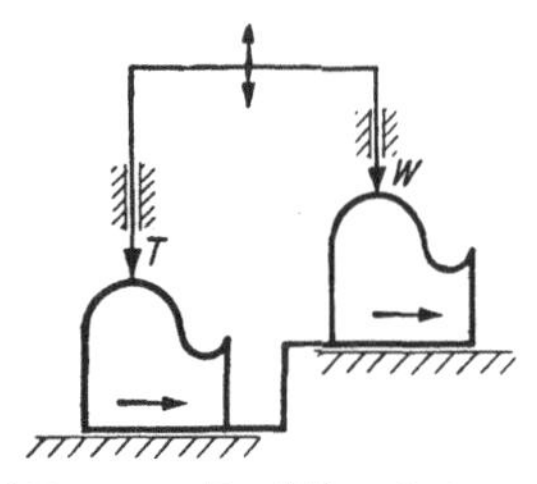
Abb. 26. Parallelverschiebung von Kurven des Parallelkoordinatensystems.

daß der Taster an der Bezugskurve anliegt (Abb. 26). Da mit dieser festen Kopplung Gleichlauf zwischen T und W bzw. A und B erreicht wird, kann man kinematisch von einem „Gleichlaufgetriebe" sprechen. Neben der Parallelverschiebung im rechtwinkligen Koordinatensystem wird die Parallelverschiebung im schiefwinkligen Koordinatensystem (meist 60°) gewählt, um sonst nicht nachformbare steile Kurven (bis zu 90° Steigungswinkel) nachzuformen.

Als Sonderfall dieser Parallelverschiebung ist das Nachformen von Geraden durch Fräsen, Drehen, Hobeln oder Schleifen anzusehen: durch Verschieben von Tischen oder Schlitten in Geradführungen hervorgebrachte Werkkurven sind stets den Bettführungen nachgeformte Geraden. Demnach arbeiten Drehbänke, Fräs-, Schleif- und Hobelmaschinen bei *normalem* Vorschub auch im Nachformverfahren, indem sie Bettführungen einschließlich deren Fehler parallelverschoben auf das Werkstück abbilden. Die Aufgabe des Tasters erfüllen in diesem Falle die Schlittenführungen. Die gleichen Verhältnise liegen bei der Kegeldreheinrichtung vor.

Beispiele für Parallelverschiebung von Kurven im Parallelkoordinatensystem:

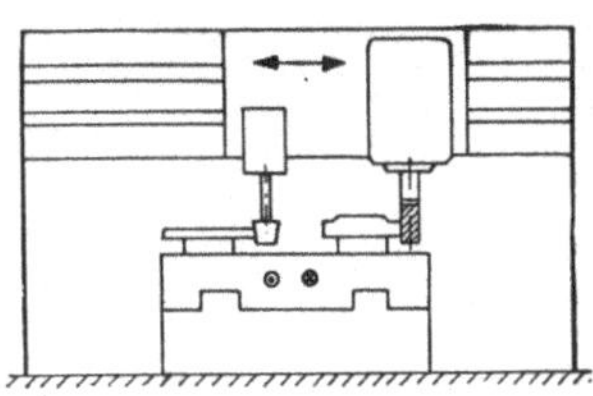

Abb. 27. Nachformfräsmaschinen
für Umrißflächen (130, 182, 185,
206, 218, 237).

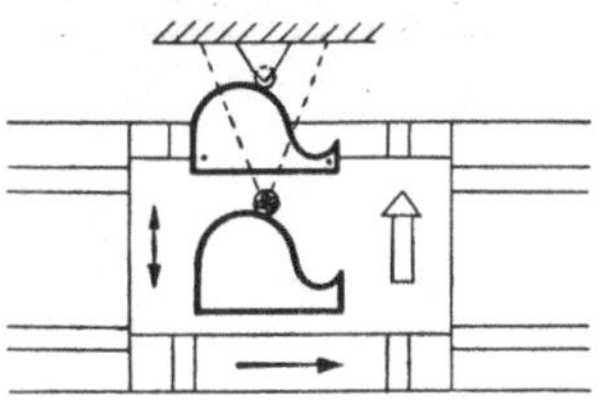

Abb. 28. Nachformfräsvorrichtung für
Umrißflächen (81, 194).

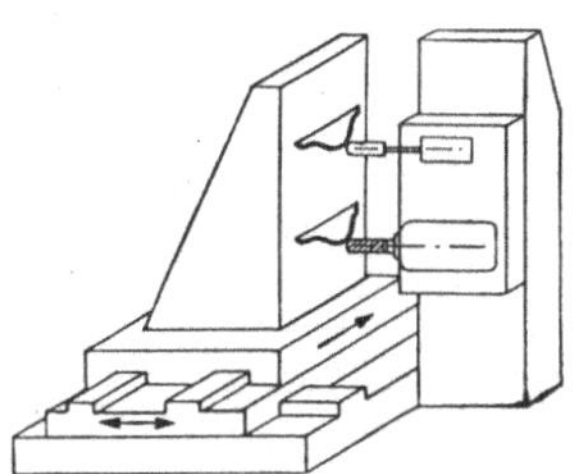

Abb. 29. Nachformfräsmaschinen für
Raumflächen (129, 164, 167, 210).

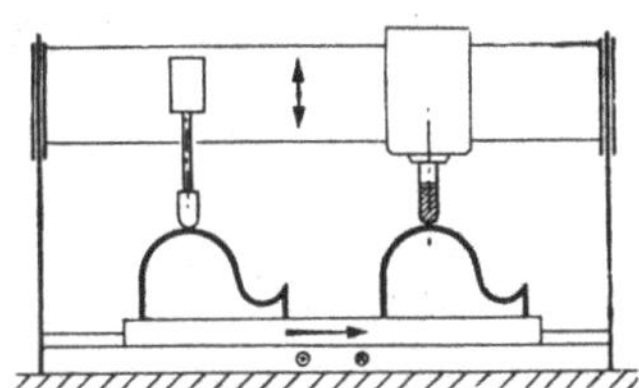

Abb. 30. Nachformfräsmaschinen für Raum
flächen (128, 135, 193, 198, 225).

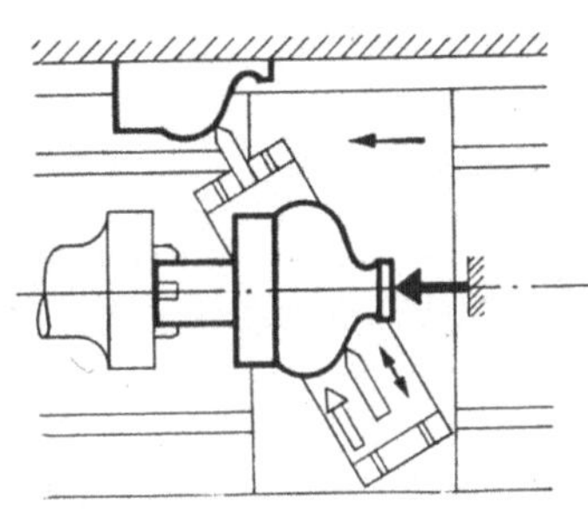

Abb. 31.   Nachformdrehbänke   (recht-
winklig und schiefwinklig) (123, 148, 157,
159, 160, 163, 165, 168, 186, 213, 241).

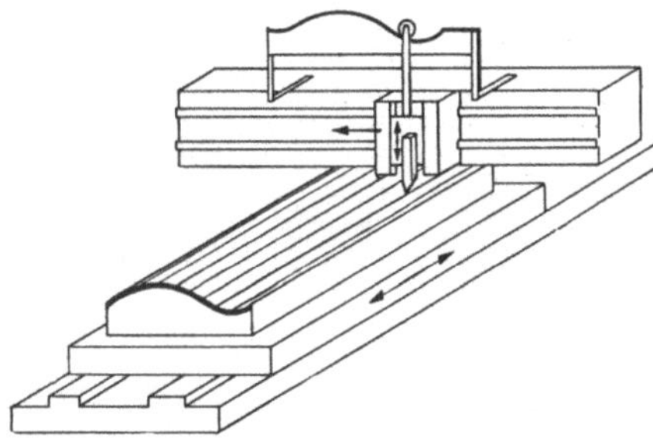

Abb. 32. Nachformhobeln von allgemeinen Zylinderflächen (126, 236) und Raumflächen mittels parallel auf-
gespanntem Bezugsformstück (57).

Zu Abb. 32: Nach dem gleichen Prinzip arbeiten Nachformkaruselldrehbänke (223).

Parallelverschiebung polarer Kurven.

Die beiden Pole sowie T und W sind um das gleiche Maß parallel
verschoben. Die beiden Kurventräger werden durch ein Zwischenzahnrad
zum Gleichlaufgetriebe gekoppelt (Abb. 33).

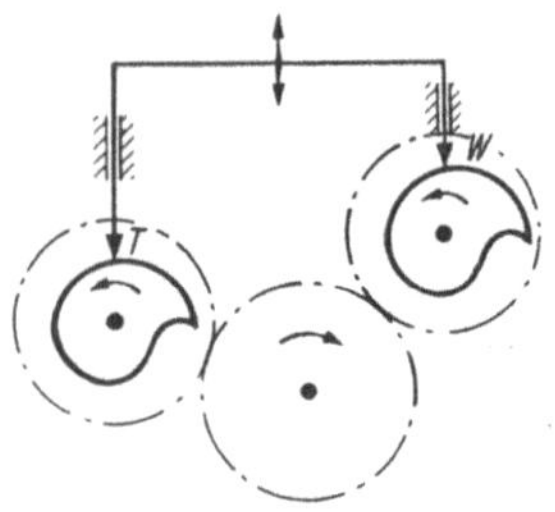

Abb. 33. Parallelverschiebung polarer Kurven.

Beispiele für Parallelverschiebung polarer Kurven:

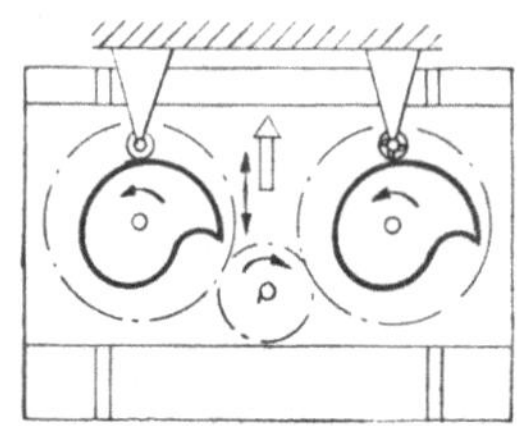

Abb. 34. Nachformfräsvorrichtungen
für polare Kurven (195).

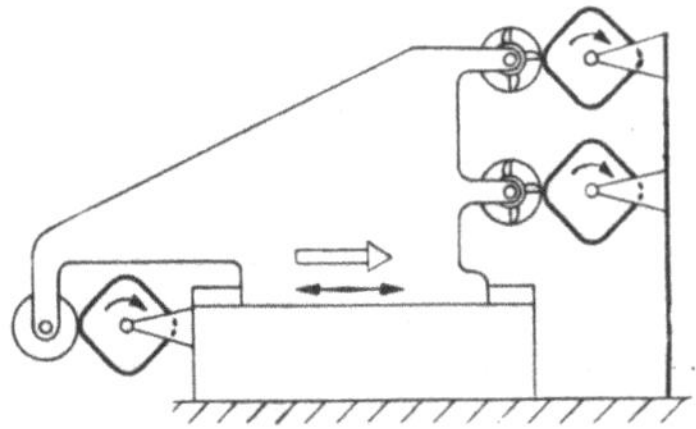

Abb. 35. Nachformfräsmaschinen für Holz
(142, 170) sowie Blockdrehbänke älterer Bau-
art (234).

321.22. Drehung.

Wenn man die Führungen der Kurventräger und der Hubglieder um
den gleichen Winkel gegeneinander dreht, sind beide Gliederpaare zu je
einem „Winkelgetriebe" miteinander
verbunden (Abb. 36). Dabei werden die
Bewegungen der Hubglieder durch
Schleifgelenke und die der Kurventräger
durch Zahnstangen und Zahnrad übertragen. Natürlich kann auch eine Parallelverschiebung eingeschlossen werden.

Ein Sonderfall, die Drehung um 180°,
wird oft angewandt. In diesem Fall werden die Winkelgetriebe zu „Umkehr-
getrieben" (s. Abschn. 321.23), da sowohl

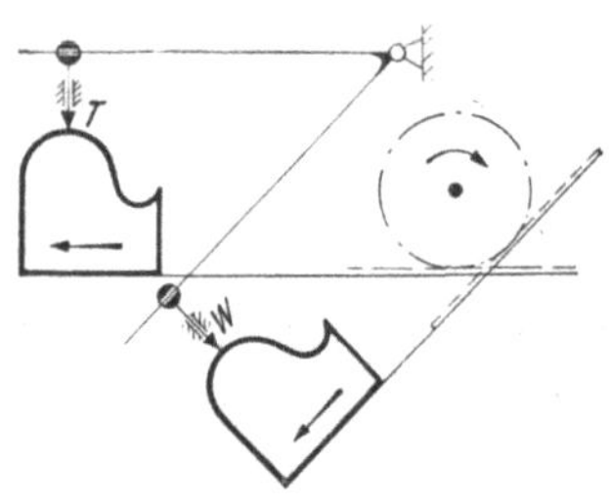

Abb. 36. Drehung.

Kurventräger wie Hubglieder gegenläufige Bewegungen ausführen,
während die Drehpunkte der Winkel- bzw. Umkehrgetriebe feststehen.
Kinematisch läßt sich diese Anordnung variieren, indem man etwa

den Bezugskurventräger feststellt, den Festpunkt des Umkehrgetriebes mit v, den Werkkurventräger mit $2 \cdot v$ in der gleichen Richtung bewegt. Besonders interessant ist eine Lösung, bei der die Winkelgetriebe als solche nicht unmittelbar in Erscheinung treten:

Beispiele für Drehung um 180°.

Zu Abb. 37: Der Bezugskurventräger und das Werkzeug stehen fest. Wenn der Unterschlitten in Längsrichtung bewegt wird, kommt der Oberschlitten durch Kraftschluß mit der Tastrolle an der Bezugskurve zur Anlage. Bezugskurve und Werkstück einerseits, Taster und Werkzeug andererseits führen gegenläufige Relativbewegungen aus. Die auf dem Werkstück abgebildete Kurve ist gegenüber der Bezugskurve um 180° gedreht.

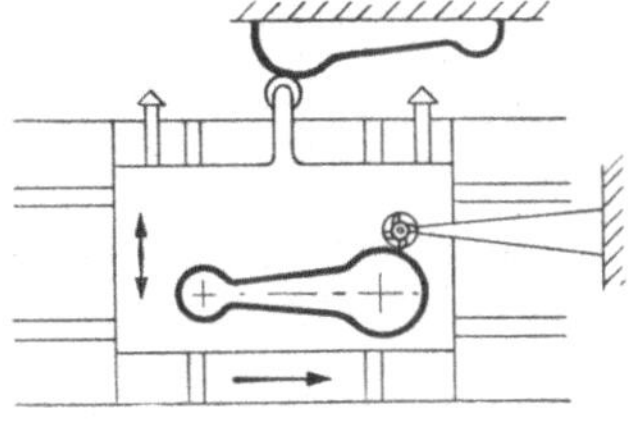

Abb. 37. Nachformfräsvorrichtung (194).

Zu Abb. 38: Hier stehen Werkstück und Taster fest, während Bezugsform und Werkzeug fest miteinander gekoppelt sind.

Zu Abb. 39: Diese Anordnung hat für hydraulisch betätigte Übertragungsmittel den Vorteil, daß keine beweglichen Drucköleitungen benötigt werden.

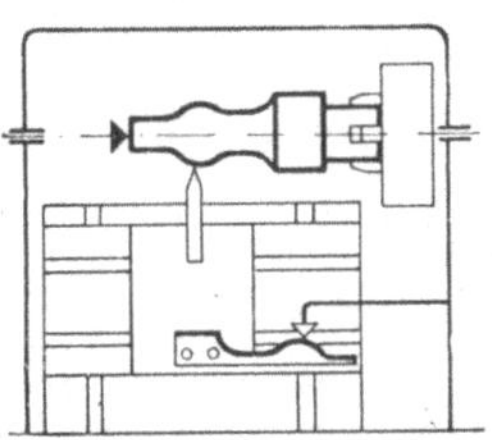

Abb. 38. Nachformdrehbank mit hydraulischem Taster (62, 63, 147).

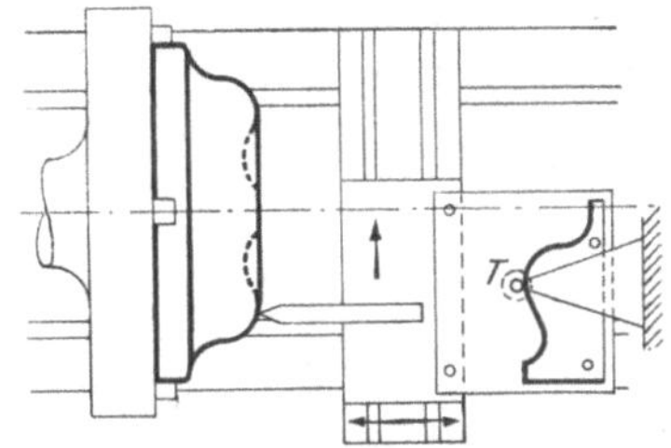

Abb. 39. Nachformdrehbank mit hydraulischem Taster (74).

Natürlich ist die Drehung auch bei polaren Kurven sinngemäß möglich.

321.23. Spiegelung.

Die Umkehrung positiver Koordinatenwerte *einer* Koordinatenrichtung in negative wird durch gegenläufige Kopplung *eines* Gliederpaares erreicht. Das hierzu benötigte Getriebe werde „Umkehrgetriebe" genannt. Es sind sowohl Hebel- wie auch Zahnradgetriebe gebräuchlich.

Die Spiegelung kommt zur Anwendung, wenn spiegelgleiche Werkstücke für Karosserieteile, symmetrische Steuerungsteile u. ä. benötigt werden. Das Nachformen durch Spiegelung hat eine große Bedeutung dadurch gewonnen, daß es möglich ist, diese Teile selbst oder die ihrer Herstellung dienenden Preß-, Schmiede- oder Druckgußformen für beide spiegelgleichen Teile von *einem* Bezugsformstück aus nachzuformen. Neben der Kostenersparnis werden dadurch Abweichungen zwischen den Bezugsformstücken vermieden.

Beispiele für Spiegelung von Kurven im Parallelkoordinatensystem.

Zu Abb. 40: Tast- und Frässchlitten werden durch den Doppelhebel gegenläufig bewegt.

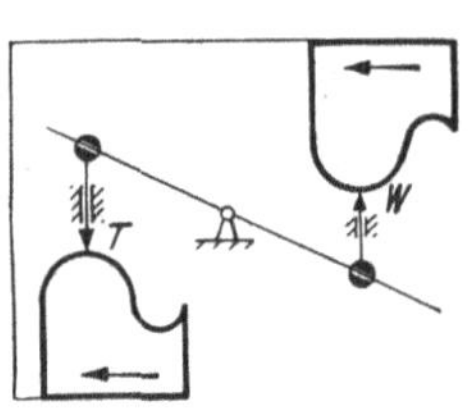

Abb. 40. Nachformfräsen spiegel-
gleicher Werkstücke (198).

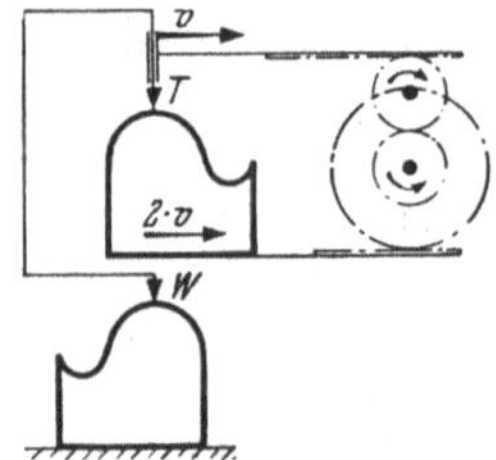

Abb. 41. Nachformfräsen spiegel-
gleicher Werkstücke (106).

Zu Abb. 41: Das Werkstück ist fest aufgespannt. Taster und Fräser werden auf gemeinsamem Ständer mit v nach rechts bewegt. Das Bezugsformstück bewegt sich auf besonderem Schlitten mit $2 \cdot v$ in gleicher Richtung.

Beispiele für Spiegelung polarer Kurven.

Zu Abb. 42: Die Spiegelung wird durch Umkehrung der Drehrichtung eines Drehtisches erreicht.

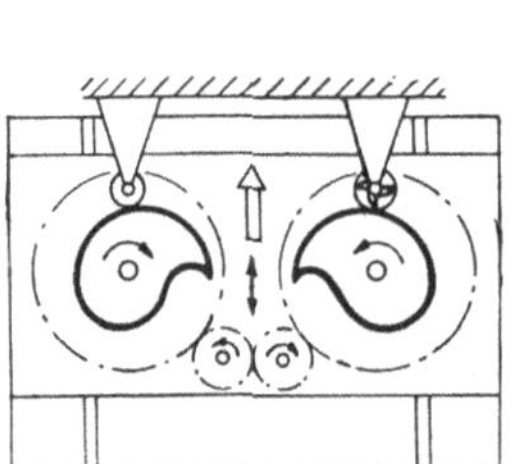

Abb. 42. Nachformfräsen spiegel-
gleicher Werkstücke (195).

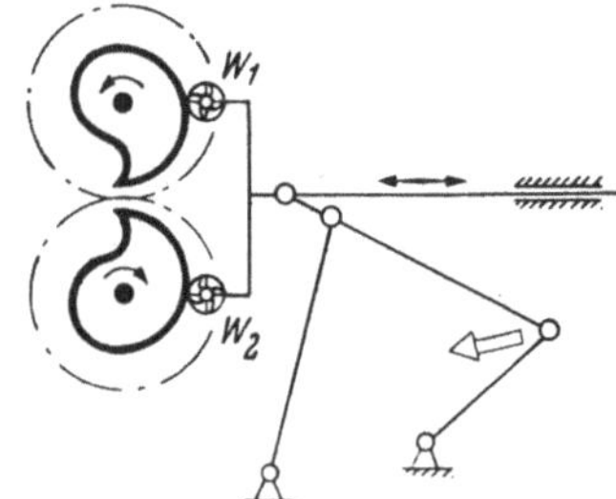

Abb. 43. Nachformfräsen von Leisten-
paaren (145).

Zu Abb. 43: Von einem Bezugsformstück aus werden gleichzeitig ein rechter und linker Schuhleisten nachgeformt.

321.24. Streckung.

Einseitige Streckung. Die Multiplikation der x- und y-Werte aller Punkte der Bezugskurve mit einem festen Faktor wird durch ein „Proportionalgetriebe" erreicht, das ein Hebelgetriebe oder Zahnradgetriebe sein kann. Hebelgetriebe müssen so ausgebildet sein, daß sie den Strahlensatz erfüllen. Der Strahlensatz drückt aus, daß durch zwei parallele Geraden, die zwei Strahlen schneiden, auf den Strahlen selbst und auf den Geraden Strecken im gleichen Verhältnis abgetrennt werden.

Mit Hilfe der einseitigen Streckung ist es möglich, affine Bauteile, deren Abmaße in *einer* Koordinatenrichtung gestuft sind, *einer* Bezugsform nachzuformen.

Neben der vergrößerten Übertragung ist auch die verkürzte Übertragung möglich. Sie bietet einmal den Vorteil, daß die Herstellung der einseitig vergrößerten Bezugsform u. U. einfacher und genauer ist, andererseits wird die Eigenschaft, daß die Kurvensteigungswinkel bei einseitiger Streckung kleiner werden, gern dazu benutzt, mit mechanisch betätigtem Taster Werkkurven nachzuformen, die Steigungswinkel $\alpha > 60°$ aufweisen. Die vorgegebene Kurve wird einseitig gestreckt und diese gestreckte Bezugskurve proportional gekürzt nachgeformt.

Beispiele für einseitige Streckung.

Zu Abb. 44: Das gezeigte Schema für Kurven im Parallelkoordinatensystem (Längengradierung) ist unschwer auch auf polorientierte Kurven (Weitengradierung) zu übertragen. Die Veränderung des Übertragungsverhältnisses wird durch Änderung der Hebellänge erreicht, indem der Festpunkt F nach einer Skala verschoben wird. Es ist möglich, von *einem* Bezugsformstück aus affine Werkstücke nachzuformen, die sowohl in der Länge wie auch in der Breite fein gestuft sind. Wenn Längen- und Breitengradierung auf das gleiche Übertragungsverhältnis eingestellt sind, werden geometrisch ähnliche Schuhleisten gefräst.

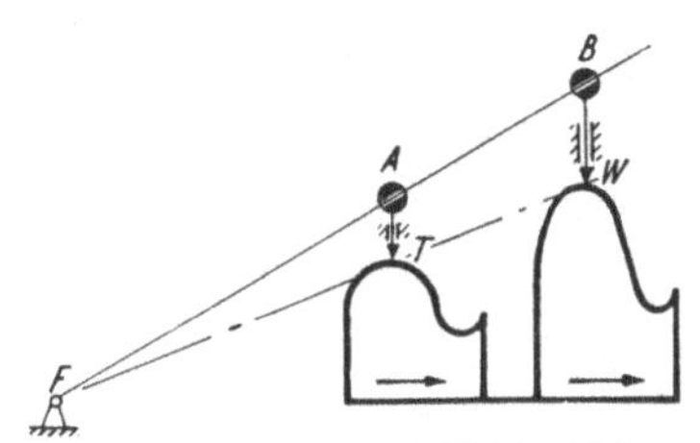

Abb. 44. Streckung durch Hebelgetriebe an einer Schuhleistenfräsmaschine (145).

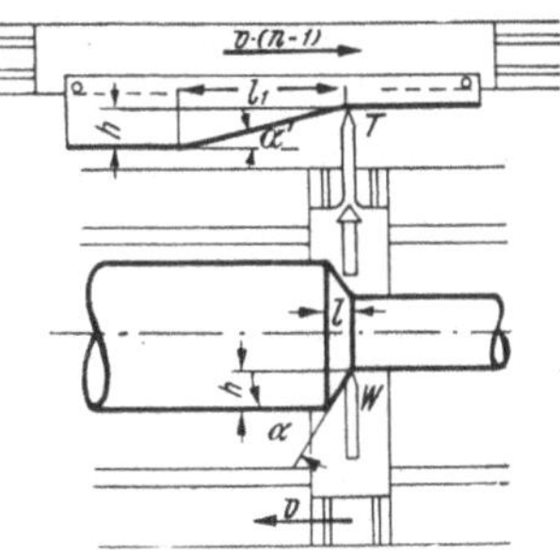

Abb. 45. Streckung durch Zahnradgetriebe an einer Drehbank.

Zu Abb. 45: Die Steigung $\mathrm{tg}\,\alpha = \dfrac{h}{l}$ an der vorgegebenen Kurve ist zu groß, dagegen ist $\mathrm{tg} = \dfrac{h}{l_1}$ an der Bezugskurve geeignet. Streckungsfaktor $n = l_1 : l$. Die Verkürzung kommt dadurch zustande, daß das Bezugsformstück in der Zeit, während der das Werkzeug und Taster nach links den Weg l zurücklegen nach rechts um die Strecke $l_1 - l = l\,(n - 1)$ verschoben wird. Wenn also der Werkzeugschlitten v nach links bewegt wird, muß der Bezugskurvenschlitten mit $v\,(n - 1)$ nach rechts bewegt werden. Diese unterschiedlichen Bewegungen werden durch entsprechende Zahnradwechselräder erreicht. – Nach dem gleichen Prinzip werden auch Formschleifscheiben abgezogen.

Doppelseitige Streckung. Die doppelseitige Streckung erfordert für jede Koordinatenrichtung je ein Proportionalgetriebe, wozu wiederum Hebel oder Zahnradgetriebe in Frage kommen.

Beispiele für doppelseitige Streckung.

Zu Abb. 46: Der Untertisch wird mit der Geschwindigkeit v, der Obertisch mit dem Bezugsformstück mit $v_1 = m \cdot v$ in gleicher Richtung bewegt. Die Streckung in der anderen Koordinatenrichtung wird durch Hebelgetriebe bewirkt.

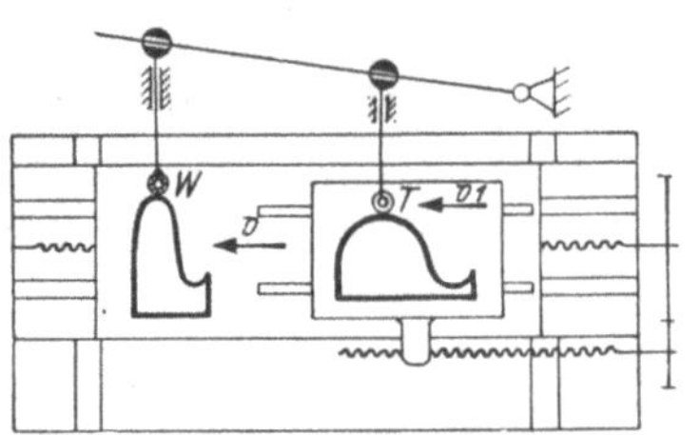

Abb. 46. Nachformfräsen affiner Werkstücke.

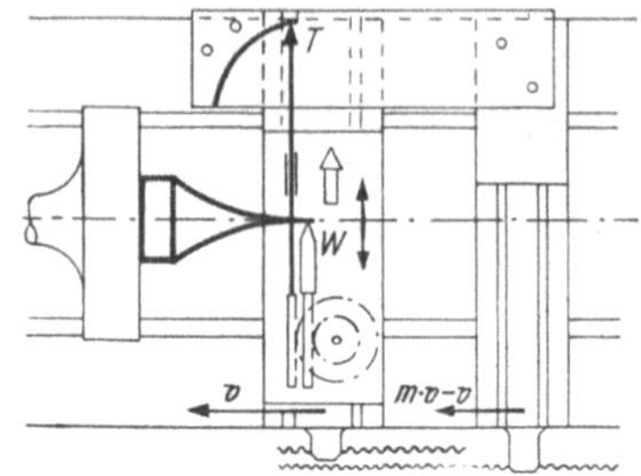

Abb. 47. Nachformdrehen affiner Werkstücke

Zu Abb. 47: Der Werkzeugschlitten bewegt sich mit v, der Bezugsformschlitten mit $v_1 = m \cdot v - v$ nach links. Taster und Werkzeugbewegungen sind durch Zahnstangen und Zahnräder übersetzt.

Zu Abb. 48: Zwei Hebelgetriebe sind in einem Gerät vereinigt, F_1 und F_2 werden in zueinander rechtwinkligen Schieberschlitzen geführt. Für die Streckung in y-Richtung dienen F_1 als momentaner Festpunkt und die Hebelarme $F_1 A : F_1 B$. Für die Streckung in x-Richtung ist F_2 der Festpunkt und das Übersetzungsverhältnis $E A : E B$. Die anderen Glieder dienen zur Parallelführung.

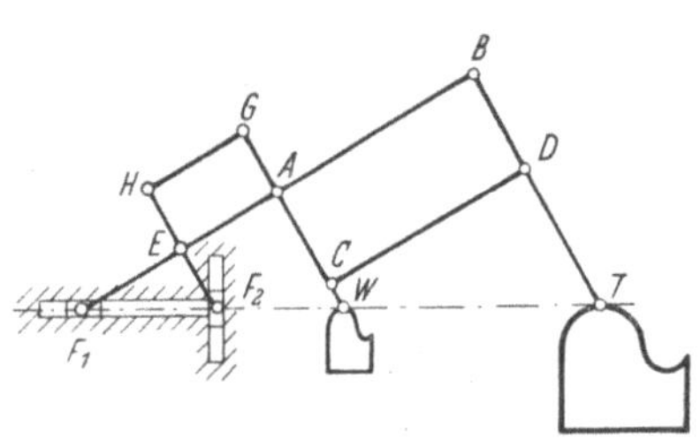

Abb. 48. Pantograph mit veränderlichen Übertragungsverhältnissen (50).

Von besonderer Bedeutung für die Nachformtechnik ist der Sonderfall der ähnlichen Abbildung durch Streckung des Radiusvektors von polorientierten Kurven. Diese Abbildung entspricht der doppelseitigen Streckung von Kurven im Parallelkoordinatensystem mit gleichem Streckungsfaktor und wird auch für beliebige andere Kurven benutzt, indem man an einem beliebigen Punkt außerhalb der Kurve einen Pol annimmt. Man ist also in der Lage, ähnliche, in der Größe gestufte Bauteile nach *einer* Bezugsform nachzuformen.

Die ähnliche Verkleinerung wählt man gern, um die vergrößerte Bezugsform bequem und möglichst genau herzustellen und weil die dann noch an der Bezugskurve vorhandenen Fehler im gleichen Verhältnis verkleinert auf das Werkstück übertragen werden. Es werden Übertragungsverhältnisse 2:1 bis 50:1 gewählt.

Für die Streckung des Radiusvektors wird ein um den Pol bewegliches Doppelparallelogramm in den verschiedensten Abwandlungen verwendet, wobei eine Parallelverschiebung oder auch eine Drehung um 180° eingeschlossen ist.

Beispiele für ähnliche Abbildung.

Zu Abb. 49: Dem Hebelverhältnis entsprechend führt W kürzere Wege aus als T. Diese ursprüngliche Form kann verschieden abgewandelt werden.

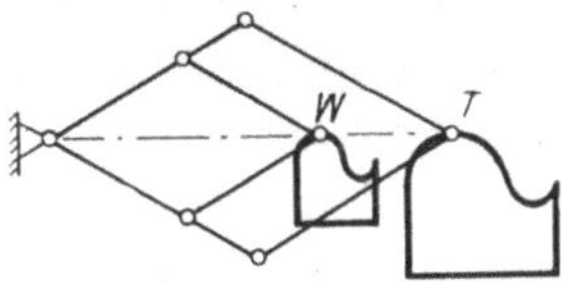

Abb. 49. Doppelparallelogramm.

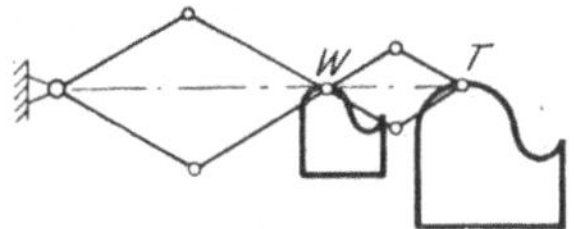

Abb. 50. Graviermaschine (133).

Zu Abb. 50: Diese getriebliche Anordnung wird auch „Nürnberger Schere" nach einem dort ursprünglich hergestellten Kinderspielzeug genannt.

Zu Abb. 51: Nach diesem Prinzip arbeiten die bekannten Pantographgraviermaschinen.

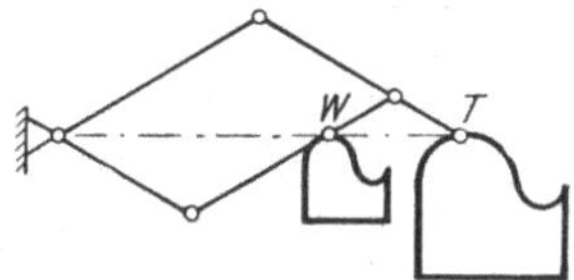

Abb. 51. Graviermaschine (43, 134, 207, 209).

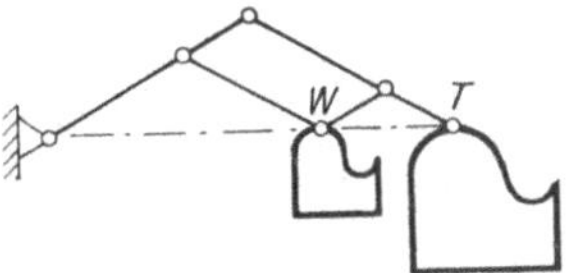

Abb. 52. Handbetätigte Nachformfräsmaschine (166).

Zu Abb. 52: Der Pantograph liegt in einer senkrechten Ebene. W und T werden im Schlitten auf einer Führungsbahn geführt, die auf dem Strahl $F-W-T$ liegt.

Zu Abb. 53: Diese Anordnung läßt sich nur für die Arbeit in einer Ebene verwenden, es ist jetzt auch die Übertragung bis 1 : 1, jedoch mit eingeschlossener Drehung um 180° möglich. Um die Werkkurve wieder um 180° zurückzudrehen, wurde in einer Nachformfräsmaschine ein zweiarmiger Hebel verwendet, mit dessen Hilfe auch das Übersetzungsverhältnis zu ändern ist.

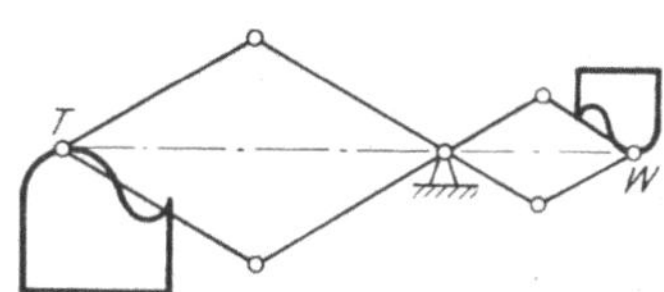

Abb. 53. Pantograph mit innerem Festpunkt (77, 198).

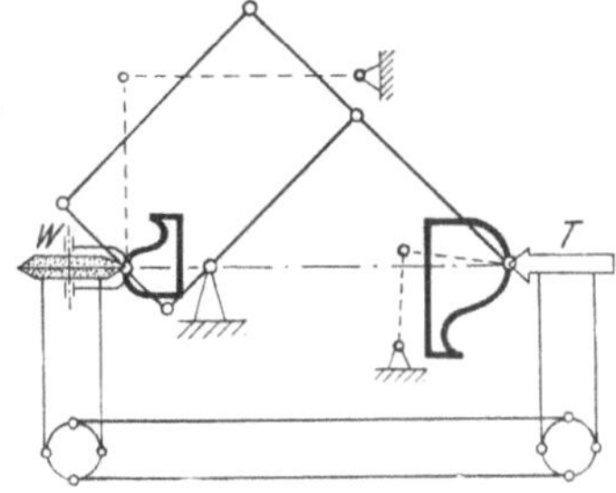

Abb. 54. Handbetätigte Nachformschleifmaschine (87, 226).

Zu Abb. 54: T und W (Schleifscheibe) lassen sich um ihre Spitzen im gleichen Sinne schwenken. Diese Drehpunkte liegen auf dem Gestänge, das durch Zusatzglieder entlastet wird. Es sind Übertragungsverhältnisse 1 : 1 bis 1 : 20 einstellbar. — Mit einem Pantographen gleicher Anordnung arbeitet eine andere Profilschleifmaschine (184). Statt des Werkzeuges wird im Punkt W ein Mikroskop aufgenommen, auf dessen Fadenkreuz die Schleifscheibe von Hand nachgefahren wird. Da kein Zwanglauf erfolgt, arbeitet diese Maschine jedoch im Freiformverfahren.

321.25. Kombinationen affiner Abbildungen.

In den vorhergehenden Abschnitten wurden die getrieblichen Mittel für die 4 Grundfälle der affinen Abbildung entwickelt und mit Beispielen unterlegt. In vielen Fällen wurde bereits auf Kombinationsmöglichkeiten hingewiesen. Es wird nicht schwerfallen, für jeden möglichen Kombinationsfall die Bewegungsbedingungen und damit den getrieblichen Aufbau der zugehörigen Übertragungsmittel anzugeben. Umgekehrt ist es auch möglich, an Hand der Bewegungsbedingungen in Übertragungsmitteln festzustellen, welcher Abbildungsfall vorliegt.

Es bedürfte eigentlich keiner nochmaligen Erwähnung, daß die Übertragungsmittel auch im kinematisch umgekehrten Sinne anwendbar sind (Rückformen).

321.3. Abbildung durch Sinnumkehrung.

Im allgemeinen werden Kurven nur als geometrische Gebilde für sich allein betrachtet. Soll eine Kurve aber eine Fläche begrenzen, kann sie das in zweifacher Weise: sie begrenzt gleichzeitig das Flächenstück A und das Flächenstück B (Abb. 55). A und B berühren sich in dieser Kurve innig, wobei einer Einbuchtung von A eine Ausbuchtung von B entspricht und umgekehrt.

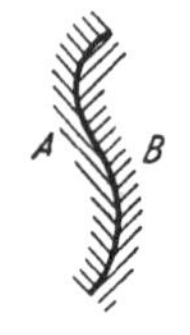

Abb. 55.
Eine Kurve begrenzt gleichzeitig die Flächen A und B.

Die Fertigung beschäftigt sich mit stofflich erfüllten Körpern; die Begrenzungsflächen und damit auch die der Flächenbildung dienenden Kurven können deshalb nur nach einer Seite hin diese abgrenzende Eigenschaft besitzen. Da bei der Abbildung lediglich Kurven übertragen werden, ist ohne besondere Kennzeichnung eine doppelte Deutung möglich. Es ist deshalb nötig, anzugeben, in welchem Sinne die Kurve als Element zur Flächenbildung verstanden, nach welcher Seite hin sie „Fleisch" besitzen soll.

Wir setzen fest, daß die Abbildung einer Kurve „gleichsinnig" genannt wird, wenn die nachgeformte Kurve auf der gleichen Seite „Fleisch" besitzt wie die Bezugskurve, im umgekehrten Falle „gegensinnig". Die Übertragungsart, die gegensinnige Abbildungen liefert, wird Sinnumkehrung genannt.

Da der Abbildungsvorgang an sich umkehrbar ist, soll weiterhin die Vereinbarung gelten, daß die Bezugskurve stets als positiv bezeichnet wird. Eine Übertragung „positiv — positiv" ist dann gleichbedeutend mit einer „gleichsinnigen" Abbildung, „positiv — negativ" mit einer „gegensinnigen" Abbildung.

Im polaren Koordinatensystem (Abb. 56) ist die Festlegung, in welchem Sinne eine Kurve als Begrenzungskurve gelten soll, zweifellos einfacher. Da wir es in diesem Falle mit einer um einen Pol liegenden geschlossenen Kurve zu tun haben, ist die gebräuchliche Benennung Vollkurve oder Außenkurve für eine Kurve mit polwärts liegendem Fleisch und Hohlkurve oder Innenkurve für den entgegengesetzten Fall eindeutig und stimmt mit unserer Festlegung überein.

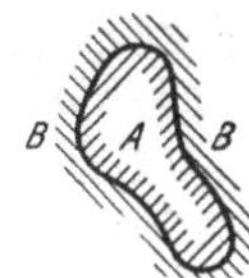
Abb. 56. Vollkurve (*A*) und Hohlkurve (*B*)

In der Praxis und im Schrifttum werden die durch Sinnumkehrung nachgeformten Kurven häufig Gegenkurven oder Gegenprofile benannt.

Die Sinnumkehrung wurde bereits bei der Abbildung durch Projektion einbezogen (s. Abschn. 321.13). Sie wird bei formgebenden Werkzeugen mit fester Schneide wie Formstahl, Formfräser, Formschleifscheibe, Räumnadel oder Stanzwerkzeug stets angewandt.

Die gegensinnige Abbildung wird auch beim Nachformen mit affinen Transformationen angewandt. Hierbei bleiben die Übertragungsmittel in ihren geometrischen Verhältnissen unverändert, der Sinnumkehrung entsprechend muß jedoch das Werkzeug von der entgegengesetzten Seite an das Werkstück herangebracht werden, der Werkkurventräger dementsprechend ebenfalls, vom Übertragungsmittel aus betrachtet, auf der entgegengesetzten Seite liegen. Dies sei an den affinen Abbildungsfällen gezeigt:

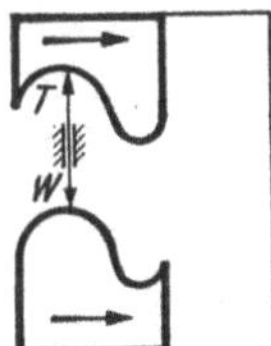

Abb. 57. Sinnumkehrung bei Parallelverschiebung kartesischer Kurven.

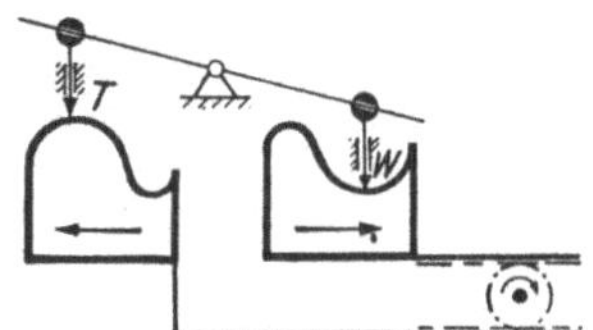

Abb. 58. . Sinnumkehrung bei Drehung um 180°.

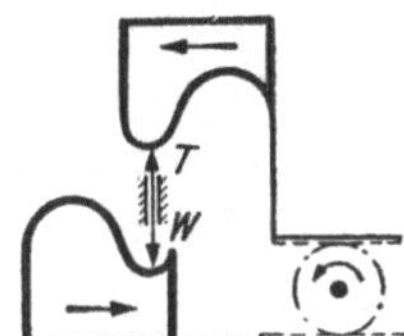

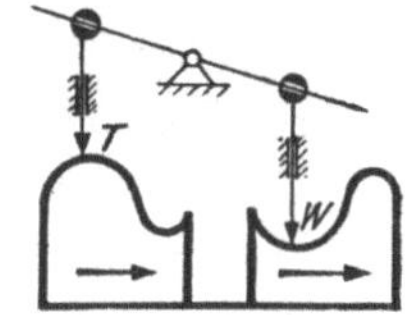

Abb. 59 und 60. Sinnumkehrung bei Spiegelung kartesischer Kurven.

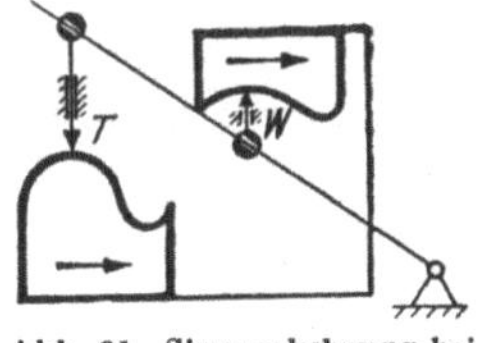

Abb. 61. Sinnumkehrung bei einseitiger Streckung.

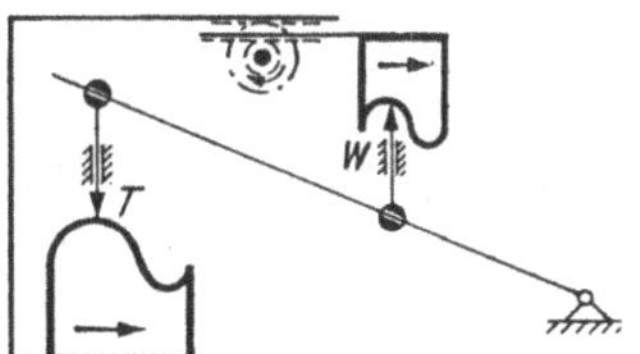

Abb. 62. Sinnumkehrung bei doppelseitiger Streckung.

Die Abbildung durch Sinnumkehrung spielt in der Fertigung eine große Rolle; sie wird überall dort benutzt, wo zu einem Werkstück das entsprechende Gegenstück gebraucht wird. Das gilt nicht nur für Umrißflächen, sondern auch für räumliche Flächen, die das eine Mal in diesem, das andere Mal im anderen Sinne als Begrenzungsflächen von verschiedenen Körpern aufgefaßt werden. Beide Körper berühren sich dabei in der Fläche selbst innig, und es entspricht einer Wölbung des einen Körpers eine Vertiefung des anderen und umgekehrt.

Diese Sinnumkehrung von Flächen findet vor allen Dingen bei der Herstellung von Werkzeugen für die spanlose Formgebung Anwendung, wenn nach einem Originalstück oder Modell eine Druckgußform oder ein Schmiedegesenk herzustellen ist.

Grundsätzlich bietet das Nachformen gegensinniger ebener Kurven und gegensinniger Flächen, die durch Nachformen ebener Schnittkurven gewonnen werden, keine Schwierigkeiten. Die aus den vorigen Abschnitten bekannten Übertragungsmittel für affine Abbildungen lassen sich in entsprechender Weise für die zusätzliche Sinnumkehrung einrichten.

Gemäß Abb. 57 arbeiten Nachformdrehbänke und die bekannten Schleifscheibenabdrehvorrichtungen. Auch Fräsmaschinen lassen sich in gleicher Weise für das Nachformen gegensinniger Kurven und Flächen einrichten. In der Patentliteratur sind Vorschläge zu finden (104, 106), in der Praxis haben sich derartige Vorrichtungen nicht durchsetzen können, da richtige Abbildungen nur entstehen können, wenn Taster und Werkzeug punktförmig ausgebildet sind. Bei kreis- bzw. kugelförmigem Taster und Werkzeug (Abb. 63) bewegt sich der Mittelpunkt von T auf einer Gleichabständigen (s. Abschn. 321.41) von B. Der Mittelpunkt von W beschreibt die gleiche Kurve parallelverschoben, und das Werkzeug fräst die Werkkurve als Gleichabständige. Die Werkkurve ist demnach die gegensinnige Gleichabständige der Bezugskurve im Abstand $a = r_T + r_W$.

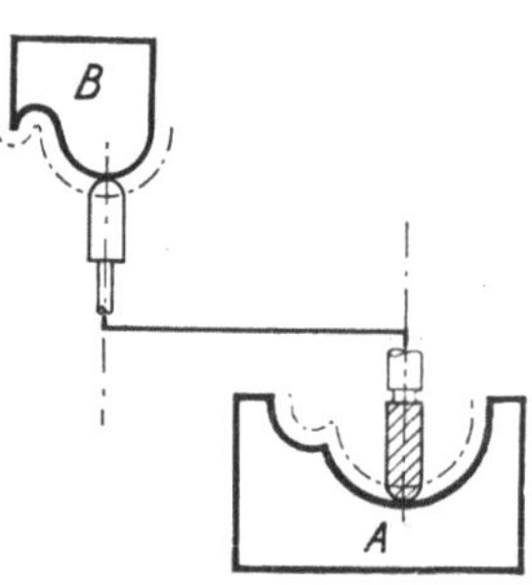

Abb. 63. Fräsen einer gegensinnigen Gleichabständigen.

Kongruente gegensinnige Kurven von einer Bezugskurve erhält man, wenn man die Bezugskurve als gleichabständige größere Hohlkurve im Abstand d zur gewünschten Kurve hergestellt (Abb. 64a). Hiervon wird mit gleich großem Taster und Werkzeug das volle Werkstück im Abstand d gleichabständig nachgeformt (Abb. 64b). Für die Hohlkurve wird ein Taster vom Halbmesser $3 \cdot d$ und ein Werkzeug vom Halbmesser d eingesetzt, wodurch die Hohlkurve mit der Vollkurve kongruent wird (Abb. 64c). Mit dieser Anordnung (135) können Lehren und Gegenlehren mit hoher Genauigkeit nachgeformt werden.

Es ließen sich aber auch gegensinnige kongruente Kurven mittels einer Parallelprogrammführung nachformen (Abb. 65), wenn T und W dadurch jeweils in C und D die Kurven tangential berühren. Die kraftschlüssige Führung von T auf B könnte auch mit einer Kraftverstärkung arbeiten.

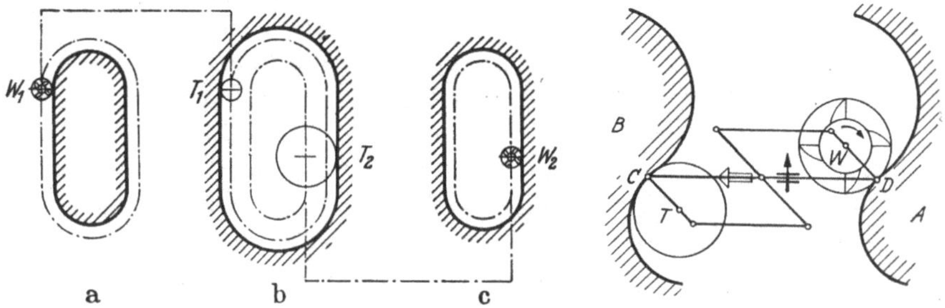

Abb. 64 und 65. Nachformen kongruenter gegensinniger Kurven.

321.4. Abbildung durch Begleitkurven.

Begleitkurven ebener Kurven sind auch als Abbildungen aufzufassen, da sämtlichen Punkten der Ausgangskurve jeweils entsprechende Punkte der Begleitkurve durch eine gemeinsame geometrische Beziehung zugeordnet werden können.

Aus der Vielzahl der bekannten und möglichen Begleitkurven werden in der Nachformtechnik jedoch praktisch bisher nur folgende Begleitkurven benutzt:

Abbildung durch Gleichabständige (Äquidistante).

Abbildung durch Konchoiden.

Abbildung durch winkelgestreckte Begleitkurven.

321.41. Abbildung durch Gleichabständige (Äquidistante).

Bei den bisherigen Betrachtungen der den Übertragungsmitteln zugrunde liegenden geometrischen Verhältnisse wurde stets eine punktförmige Übertragung angenommen, d. h., der Übertragung dienten ein punktförmiger Taster und ein punktförmiges Werkzeug. Solch eine Übertragung zwischen mathematischen Spitzen ist aber nur in Ausnahmefällen möglich, solange für den Ablauf des Nachformvorganges nur kleine Kräfte benötigt werden, wie z. B. in der Feinwerktechnik.

Im allgemeinen würde aber ein spitzer Taster die Bezugsform verletzen und sich selbst dabei sehr schnell abnutzen. Zur Übertragung größerer Kräfte kommt deshalb nur ein stärkerer Stift in Anwendung, dem man, um die geometrischen Verhältnisse beherrschen zu können, ein kreisförmiges oder kugeliges Profil gibt. Um weiterhin anstatt der gleitenden die geringere rollende Reibung verwenden zu können, tritt vielfach die Tastrolle an die Stelle des Taststiftes. Dieser gibt man zylindrische Form, solange es sich um die Übertragung von Zylinderflächen, wie z. B. der Umrißkurven. handelt. Sobald Flächen abzutasten sind, die in der anderen Koordinatenrichtung ebenfalls beliebige Schnittkurven aufweisen, muß die Tastrolle ballig gestaltet sein.

Auch Schneidwerkzeuge können praktisch nicht mit einer mathematischen Spitze versehen werden; man wird sie zur Vergrößerung der Standzeit mit einem Radius anschleifen.

Beim Nachformen kongruenter Kurven wird die Übertragung fehlerlos, wenn Taster und Werkzeug gleiche Profile erhalten, wie es z. B. beim Gesenkfräsen üblich ist. Aus Herstellungsgründen werden hierbei im allgemeinen auch aus Kreisbögen und Geraden bestehende Profile gewählt. Bei Dreh- und Hobelwerkzeugen führt dieser Gedanke zur Verwendung von Drehpilzen, deren Durchmesser dem der Tastrolle entspricht. Beim Nachformen von geometrisch ähnlichen Kurven sind dementsprechend Taster und Werkzeuge mit geometrisch ähnlichen Profilen zu versehen.

Sobald in einem Übertragungsmittel T statt als punktförmige Spitze als Kreis an der Bezugskurve zur Anlage kommt und W punktförmig ist, wird statt der Bezugskurve die Mittelpunktskurve übertragen. Diese Mittelpunktskurve ist eine Begleitkurve zur Bezugskurve:

Eine Kurve K ist zu einer Kurve K' gleichabständig, wenn jedem Punkt $A_1, A_2 \ldots$ auf K ein Punkt $A_1', A_2' \ldots$ auf K' derart zugeordnet werden kann, daß die Verbindungsgeraden $A_1 A_1'$, $A_2 A_2' \ldots$ normal zu den Kurven K und K' sind und jedes dieser Punktpaare den gleichen Abstand e voneinander aufweist (Abb. 66); die Tangenten in zugeordneten Punkten sind zueinander parallel, die gleichabständigen Kurven werden deshalb auch Parallelkurven genannt.

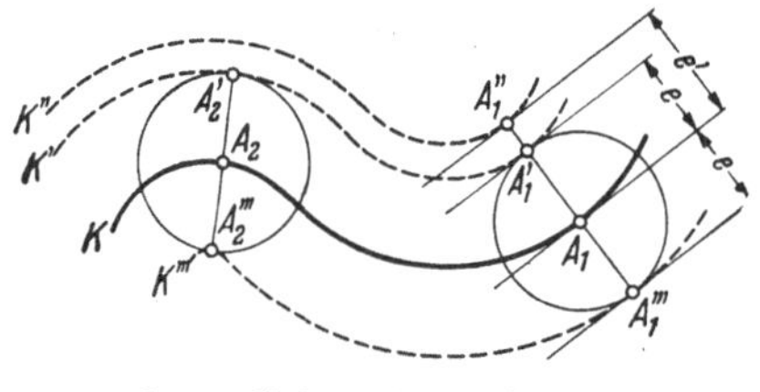

Abb. 66. Gleichabständige Kurven.
K Ausgangskurve,
A_1, A_2 Punkte auf K,
K', K'', K''' gleichabständige Kurven von K
e, e' Abstandsmaße.

Da sich auf allen auf K errichteten Normalen beliebig viele Punkte A', $A'' \ldots$ mit den Entfernungen $AA' = e$, $AA'' = e' \ldots$ bestimmen lassen, so sind die von $A_1', A_2' \ldots, A_1'', A_2'' \ldots$ gebildeten Kurven $K', K'' \ldots$ jeweils zu K gleichabständig; somit gilt der Satz:

Sind zwei Kurven je zu einer dritten Kurve gleichabständig, so sind sie auch untereinander gleichabständig.

Jeder um A_1, A_2 ... mit dem Halbmesser e geschlagene Kreisbogen berührt K' in A_1', A_2' ...; die von den Kreismittelpunkten auf K' befällten Lote gehen durch die Berührungspunkte. K' ist somit gleichgeitig die Umhüllende aller um die Punkte von K mit dem Halbmesser e geschlagenen Kreisbögen; umgekehrt ist die Mittelpunktsbahn eines auf einer Kurve K' abrollenden Kreises vom Halbmesser e eine zu K' gleichabständige Kurve K. Zugleich ist auch die Hüllkurve eines auf K' abrollenden Kreises vom Durchmesser $2e$ eine zu K' gleichabständige Kurve K'''.

Die durch eine Normale zugeordneten Punkte haben einen gemeinsamen Krümmungsmittelpunkt, der Halbmesser ϱ im Punkte A ist um e größer als der Krümmungshalb-messer ϱ' im Punkte A' (Abb. 67). Auf konvexen Kurvenabschnitten wird e allen Krümmungshalbmessern von $\varrho = 0$ bis $\varrho = \infty$ hinzuaddiert, so daß einer Ecke (unstetigen Stelle) E auf K ein Kreisbogen mit e als Halbmesser auf K' entspricht. Auf konkaven Kurvenabschnitten wird der Krüm-

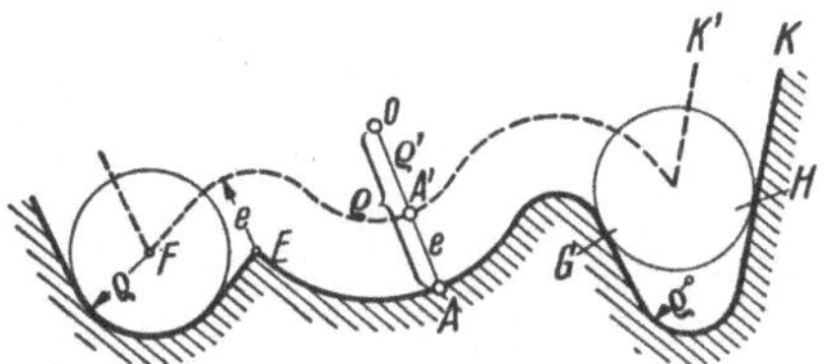

Abb. 67. Die Form der gleichabständigen Kurve K' bei verschiedenem Verlauf der Ausgangskurve K.
ϱ Krümmungshalbmesser von K,
ϱ' Krümmungshalbmesser von K',
O gemeinsamer Krümmungsmittelpunkt.

mungshalbmesser nur so lange um e verkleinert, wie $\varrho > e$ ist, mit anderen Worten solange wie ein auf der Kurve K rollender Kreis die Kurve nur in einem Punkt berührt; sobald $\varrho = e$, der Rollkreis also die Kurve K in einem Kreisbogen berührt, erhält K' einen unstetigen Kurvenverlauf durch Ecken F; wenn $\varrho < e$, der Rollkreis also die Kurve in zwei Punkten G, H berührt, ist K' nur außerhalb dieser Berührungspunkte gleichabständig; den Punkten auf dem Kurvenstück zwischen den Berührungspunkten lassen sich keine Punkte auf K' zuordnen.

Der geometrische Ort aller Krümmungsmittelpunkte von gleichabständigen Kurven auf einem Abschnitt gleicher Krümmungsrichtung ist eine Evolute, diese Evolute ist damit gleichzeitig die Einhüllende der Normalen; umgekehrt ergibt sich daraus, daß die Evolventen, die von einzelnen Punkten der auf der Evolute abwälzenden Geraden beschrieben werden, gleichabständig zueinander sind (Abb. 68).

Das Gesetz der Abbildung durch gleichabständige Begleitkurven kommt zur Anwendung, sobald Taster- und Werkzeughalbmesser verschieden groß sind. Für diese Halbmesserunterschiede können folgende Gründe maßgebend sein:

Der Rundungshalbmesser des Dreh- oder Hobelmeißels ist für eine Tastrolle gleichen Halbmessers zu klein (Abb. 69). Der Bezugskurve und dem Werkstück sind die Mittelpunktsbahnen A_0, B_0 gemeinsam. Die Bezugskurve A_1 ist eine gleichabständige Kurve zu A_0 im Abstand r_T, die Werkstückmantellinie B_1 eine gleichabständige Kurve zu B_0 im Abstand r_W. Somit hat A_1 zu B_1 (Werkstattzeichnung) den gleichen Abstand $(r_T - r_W)$. Beim Entwerfen des Bezugsformstückes (Schablone, Lineal) kann man dabei je nach Zweckmäßigkeit einen der im vorigen Abschnitt dargelegten Wege einschlagen, d. h. entweder Normalen gleicher

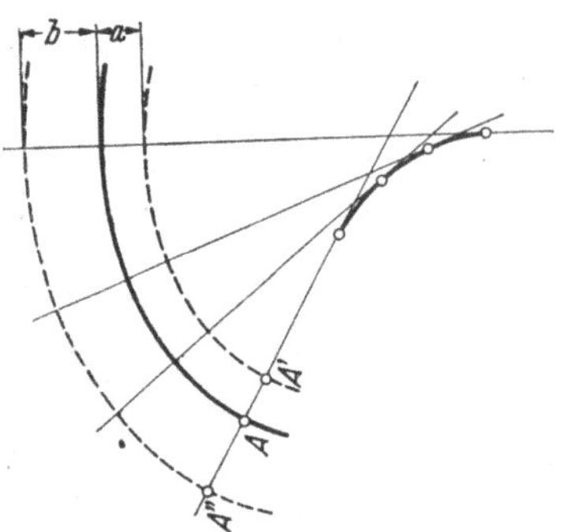

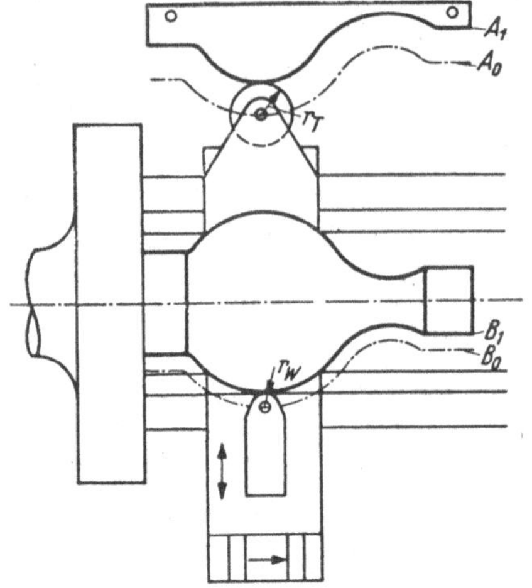

Abb. 68. Die Krümmungsmittelpunkte gleichabständiger Kurven auf einem Abschnitt gleicher Krümmungsrichtung liegen auf einer Evolute.

Abb. 69. Nachformdrehen mit einer Tastrolle, r_T Halbmesser der Tastrolle, r_W Halbmesser des Werkzeugs.

Länge errichten, Kreise um die vorgegebene Kurve schlagen oder von den Krümmungsmittelpunkten ausgehen. Die gleichsabständigen Bezugskurven sind nach Möglichkeit so zu entwerfen, daß Ecken vermieden werden, die beim Nachformen Stillstandspunkte und plötzliche Beschleunigungen hervorrufen. Damit der Taster die Bezugsform ausrollen kann, ist der Tasterhalbmesser stets kleiner als der kleinste konkave Krümmungshalbmesser an der Bezugskurve zu wählen. Gleichabständige Bezugskurven können auch durch „Rückformen" hergestellt werden, indem — entweder in der Nachformwerkzeugmaschine selbst oder in einer Vorrichtung von gleicher kinematischer Ausbildung — an Stelle des Werkzeuges ein ebenso großer Taster, an Stelle der Tastrolle ein gleich großer Fräser eingespannt wird. Wenn nunmehr anstatt des Werkstücks ein mit der vorgesehenen Kurve kongruentes Musterstück aufgenommen wird, dann fräst der Fräser durch diese kinematische Umkehrung das Bezugsformstück richtig aus.

Für kleine Werkstücke ist vielfach eine gleichabständig größere Bezugsform einfacher herzustellen, die dann mit einem Taster entsprechend größeren Halbmessers und größerer Steifigkeit nachgeformt wird (Abb. 70). Bei der Herstellung der Bezugsform ist auch hier davon auszugehen, daß die Mittelpunktsbahnen von Werkzeug und Taster kongruent sind.

Den gleichabständigen ebenen Kurven entsprechen gleichabständige Flächen, die in allen Punkten in Richtung der Normalen gleichen Abstand voneinander haben. Sie werden z. B. bei Zieh- und Prägeformen für Blech angewandt, indem man Matrize und Patrize bzw. Stempel und Ziehring Flächen gibt, die um das Maß der Blechdicke b zueinander gleichabständig, jedoch gegensinnig sind (Abb. 71). Um die gegensinnige

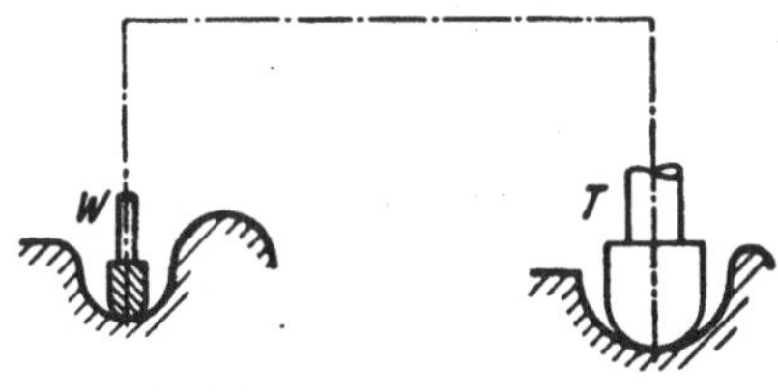

Abb. 70. Nachformfräsen mit stärkerem Taststift bei festem Abstand von Werkzeug- und Tast-spindel.

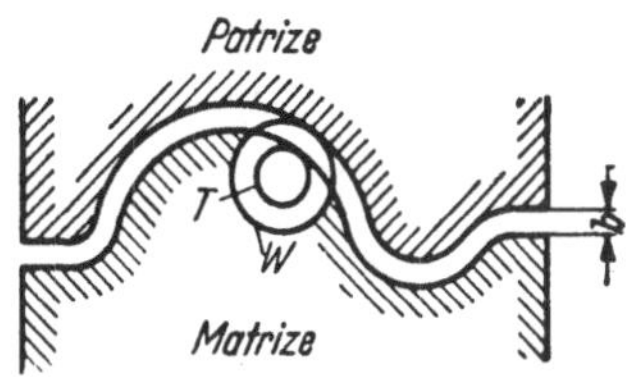

Abb. 71. Matrize und gegensinnige gleichabständige Patrize. Abstandsmaß = Blechdicke b.

gleichabständige Patrize herzustellen, wird von dem Matrizenmodell ein negativer Abguß in Kunstharz gemacht und dieser nun mit einem Werkzeug nachgeformt, dessen Halbmesser $r_W = r_T + b$ beträgt (Abb. 72).

Das Toleranzfeld unregelmäßiger Kurven wird durch je eine gleichabständige Kurve zu beiden Seiten der Sollkurve begrenzt. Um zu erreichen, daß die Werkkurve innerhalb dieses Toleranzfeldes liegt, muß

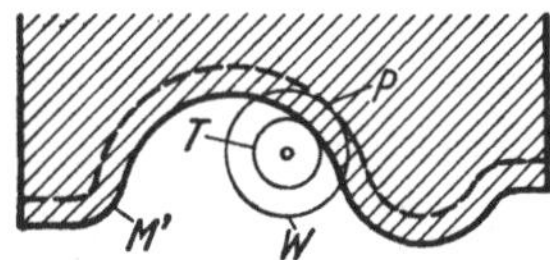

Abb. 72. Nachformen der Partrize P nach dem negativen Abguß M' des Matrizenmodells.

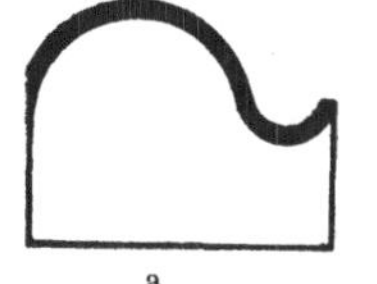

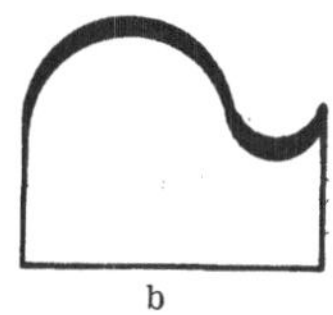

Abb. 73. a gleichmäßig starke Spanabnahme bei Taststifthalbmesser $r_T > r_W$.

b ungleichmäßig starke Spanabnahme durch Veränderung des Mittenabstands von Taster und Werkstück bei unverändertem Tasterhalbmesser.

in den vorangehenden Arbeitsgängen eine jeweils gleich starke Stoffabnahme erfolgen, die durch eine gleichabständige Kurve zur Sollkurve begrenzt wird (Abb. 73a). Dieses ist entweder durch nacheinander zur Benutzung kommende zueinander gleichabständige Bezugsformen (Schablonenpakete) oder durch größere Tasterhalbmesser in den vorangehenden Arbeitsgängen zu erreichen. Im letzten Arbeitsgang wird der Tasterhalbmesser benutzt, für den die Bezugsform gearbeitet ist. Wie man hierzu vorteilhaft einen kegeligen Taster verwenden kann, wird im nächsten Absatz gezeigt. Die gleichabständige Spanabnahme ist der

Spanzustellung durch Veränderung des Mittenabstandes bei unveränderlichen Halbmessern vorzuziehen, die unterschiedlich starke Bearbeitungszugaben zur Folge hat (Abb. 73 b).

Durch Abnutzung der Schleifscheibe und Nachschleifen der Fräser verringert sich der Werkzeughalbmesser, die Werkkurve würde eine Gleichabständige mit der Halbmesserdifferenz als Abstand zur vorgegebenen Kurve sein. Um dennoch Schleifscheiben und Fräser weiterhin benutzen zu können, stehen verschiedene Maßnahmen zur Verfügung, die zugleich auch für die gleichabständige Spanabnahme anzuwenden sind:

Man kann den kleiner gewordenen Werkzeughalbmesser dem Tasterhalbmesser anpassen, indem man dem Werkzeug eine zusätzliche Planetenbewegung erteilt (Abb. 74). Dies wird auf bekannten Fräsmaschinen (177) durchgeführt.

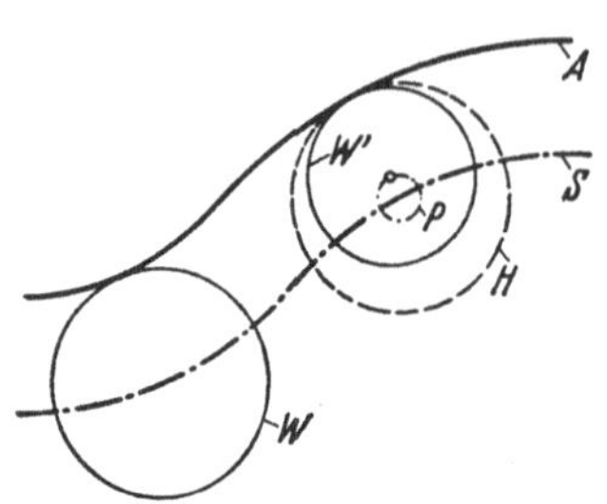

Abb. 74. Ausgleich des beim Nachschleifen kleiner gewordenen Fräserdurchmessers durch zusätzliche Planetenbewegung des Werkzeugs
S Bahn der Frässpindelachse,
W ursprünglicher Fräserdurchmesser,
A Werkkurve,
W' Durchmesser des nachgeschliffenen Fräsers,
P Bahn der Planetenspindelachse.
H Hüllkreis der Werkzeugschneiden.

Ein anderer Weg ist der, einschneidige Werkzeuge mit einstellbarem Flugkreis zu verwenden. Dieser empfiehlt sich besonders bei Hartmetallschneiden.

Es besteht weiterhin die umgekehrte Möglichkeit, den Tasterhalbmesser dem jeweiligen Werkzeughalbmesser anzupassen, indem man Taster verschiedener Halbmesser bereithält.

Der bequemste und genaueste Weg besteht jedoch in der Anpassung des Tasterhalbmessers an den jeweiligen Werkzeughalbmesser (182, 237, 178), indem ein kegeliger Taster an der mit einer Böschungsfläche (=Fläche gleicher Steigung) versehenen Bezugsform abrollt (Abb. 75). Von allen zueinander ebenen Schnitten der Böschungsfläche ist ein bestimmter Schnitt K_B mit der gewünschten Werkkurve K_A kongruent, ebenso hat der Tastkegel einen Halbmesser r'_T, der dem Werkzeughalbmesser r_W gleich ist. Es werden Werkstücke der gewünschten Größe nachgeformt,

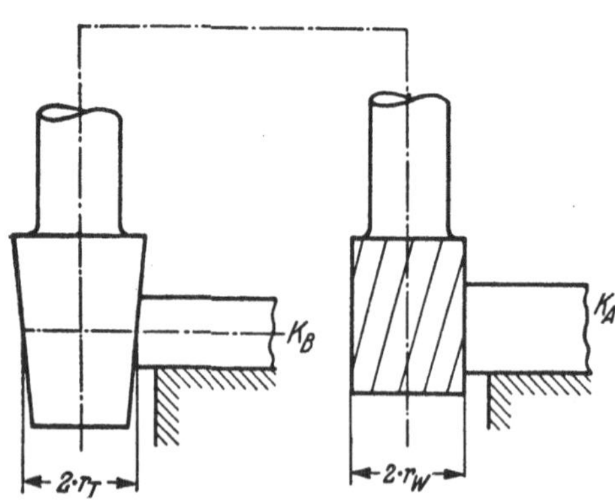

Abb. 75. Ausgleich der Fräserabnutzung und gleichabständige Spanabnahme durch kegligen Taststift und Böschungsfläche an der Bezugsform.

wenn der Taster axial so verschoben wird, daß K_B und r_T in einer Ebene liegen. Wird nun der Werkzeughalbmesser durch Nachschleifen kleiner, dann muß der kegelige Taster axial so weit verschoben werden, bis derjenige Kegelhalbmesser in die Ebene von K_B kommt, der dem neuen Werkzeughalbmesser gleich ist. Die gleichabständige Spanabnahme wird dadurch erreicht, daß bei gleichbleibendem Werkzeughalbmesser zunächst ein $r_T > r_W$ in der Ebene von K_B liegt, dann wird der Kegel so verschoben, daß jeweils ein kleinerer r_T an seine Stelle tritt, bis $r_T = r_W$ in der Ebene von K_B liegt. Für den Kegel wird am besten eine Steigung 1:5 vorgesehen. Die Böschungsfläche an der Bezugsform wird durch Rückformen in der Weise hergestellt, daß an Stelle des Fräsers ein zylindrischer Taster, an Stelle des Tasters ein kegeliger Fräser eingesetzt und mit ihnen die Bezugsform nach einem Musterstück gefräst wird. Die axiale Verschiebung der kegeligen Tastrolle geschieht zweckmäßig mit Hilfe einer Mikrometerschraube.

Diese Einrichtung kann auch zur Einstellung der Spantiefe benutzt werden, indem beim Vorfräsen durch Senken des Taststiftes ein größerer Durchmesser zur Anlage kommt und dadurch eine gleichabständig vergrößerte Umrißkurve gefräst wird. Zum Fertigfräsen wird der Stift wieder gehoben.

321.42. Abbildung durch Konchoiden.

Die proportional gestreckte oder verkürzte Übertragung erfordert einen erheblichen Aufwand für das Übertragungsmittel, das infolge der Vielzahl seiner Glieder und Gelenke häufig nur sehr schlecht genügend starr gebaut werden kann und viele Fehlerquellen aufweist. Es liegt des-

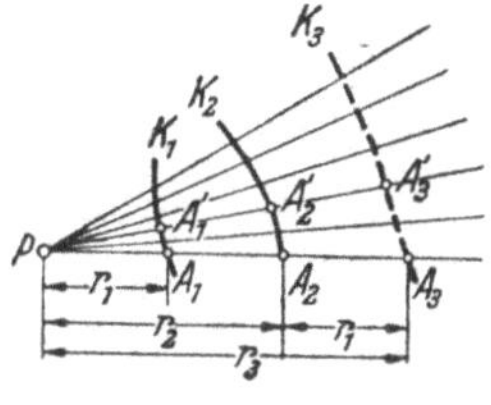

Abb. 76.
K_1, K_2 beliebige Kurven.
K_3 Zissoide

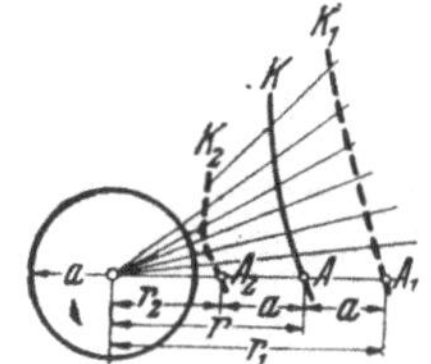

Abb. 77. K beliebige Kurve,
K_1 äußere Konchoide,
K_2 innere Konchoide.

halb der Gedanke nahe, mit einfacher gestalteten Übertragungsmitteln ähnliche Vorteile zu erreichen. Bei polorientierten Kurven ist das durch Anwendung der Konchoide möglich, die auf folgende geometrische Überlegung zurückgeht:

In einem Polarkoordinatensystem sind zwei ebene Kurven K_1 und K_2 gegeben (Abb. 76). Die vom Pol P ausgehenden Strahlen schneiden beide Kurven in A_1, A_2 bzw. A'_1, A'_2 ... Die durch einen gemeinsamen Polstrahl zugeordneten Punkte A_1, A_2 bzw. A'_1, A'_2 ... besitzen die Radiusvektoren r_1, r_2 bzw. r_1', r_2'. Werden r_1 und r_2 bzw. r_1' und r_2' ... addiert, so ergibt der geometrische Ort A_3, A_3' ... aller Radiusvektoren $r_3 = r_1 + r_2$ bzw. $r_3' = r_1' + r_2'$ ... eine neue Kurve K_3, die Zissoide (Efeublattkurve) genannt wird.

Als ein Sonderfall der Zissoide ist die Kurve zu betrachten, die entsteht, wenn eine der Ausgangskurven ein Kreis vom Halbmesser a um P als Mittelpunkt ist (Abb. 77). Es wird jetzt dem schwankenden Radiusvektor r der anderen Ausgangskurve K jeweils die gleichbleibende Strecke a hinzugefügt. Der geometrische Ort K_1 der Radiusvektoren $r_1 = r + a$ bzw. $r_1' = r' + a$ ... wird allgemeine Konchoide (Muschelkurve) genannt[1].

Anstatt die Strecke a vom Pol P aus nach außen dem veränderlichen Radiusvektor r hinzuzufügen (äußere Konchoide) kann a auch jeweils polwärts abgetragen werden. Der geometrische Ort K_2 dieser Radiusvektoren $r_2 = r - a$ bzw. $r_2' = r' - a$ ... wird innere Konchoide genannt. Einer Ausgangskurve können demnach sowohl äußere wie auch innere Konchoiden zugeordnet werden.

Für die innere Konchoide sind bei stetigem Verlauf der Ausgangskurve vier Fälle zu unterscheiden:

1. Sämtliche Punkte der Ausgangskurve liegen außerhalb des Kreises vom Halbmesser a, die innere Konchoide verläuft stetig (Abb. 77).

2. Die Ausgangskurve berührt den Kreis vom Halbmesser a an einer Stelle, die innere Konchoide geht durch den Pol P, bildet dort als Singularität eine Spitze und verläuft unstetig (Abb. 78).

3. Ein Abschnitt der Ausgangskurve liegt innerhalb des Kreises vom Halbmesser a (Abb. 79), die abzuziehende Strecke a reicht für diesen Abschnitt über den Pol hin-

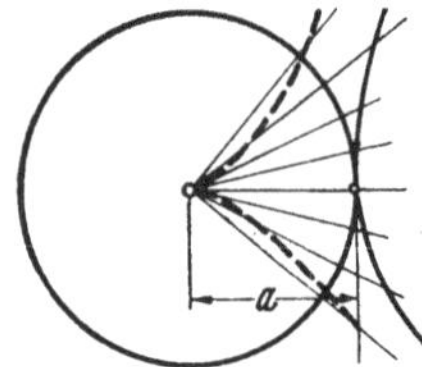

Abb. 78. Die innere Konchoide bildet eine Spitze und wird unstetig.

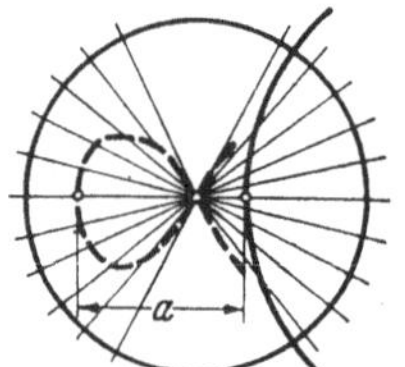

Abb. 79. Die innere Konchoide durchläuft zweimal den Pol und wird unstetig.

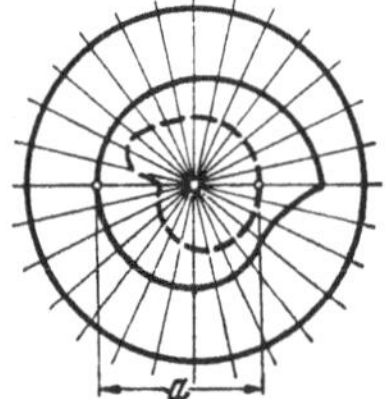

Abb. 80. Stetig verlaufende Gegenkonchoide.

aus, der geometrische Ort dieser Punkte wird Gegenkonchoide genannt. Der Pol wird zweimal durchlaufen und wird zum Doppelpunkt, die Gegenkonchoide verläuft unstetig.

4. Die Ausgangskurve liegt überall innerhalb des Kreises vom Halbmesser a, die Gegenkonchoide verläuft stetig (Abb. 80).

---

[1] Eine spezielle Konchoide mit einer Geraden als Ausgangskurve K ist als Konchoide des NIKOMEDES bekannt, die für Lenkergeradführungen benutzt wird.

Für die Nachformtechnik sind nur die Fälle 1 und 4 von Bedeutung.

Analytisch wird die Konchoide zu einer Ausgangskurve dadurch ausgedrückt, daß in der Polargleichung der Ausgangskurve statt r der Wert $(r + a)$ eingesetzt wird.

Ausgangskurve und Konchoide können ihre Rollen tauschen; wird die Konchoide zur Ausgangskurve, so ist die vorherige Ausgangskurve ihre Konchoide. Ist in einer Schar von Kurven jede Kurve die Konchoide zu einer Nachbarkurve, dann sind beliebige Kurven aus der Kurvenschar Konchoiden zueinander.

Konchoiden haben nur in Richtung der Polstrahlen gleichen Abstand von der Ausgangskurve und sind deshalb mit ihr weder ähnlich noch gleichabständig (äquidistant).

Konchoiden haben in durch einen Polstrahl zugeordneten Punkten andere Steigungswinkel (Winkel zwischen Kurventangente und der Normalen auf dem Polstrahl) als ihre Ausgangskurven. Die Steigungswinkel sind an äußeren Konchoiden kleiner, an inneren Konchoiden größer als an den Ausgangskurven; bei Gegenkonchoiden hängt die Größe des Steigungswinkels von der relativen Größe der Gegenkonchoiden zur Ausgangskurve ab. A und B sind Punkte der Ausgangskurve auf benachbarten Polstrahlen, die den Winkel φ einschließen (Abb. 81),

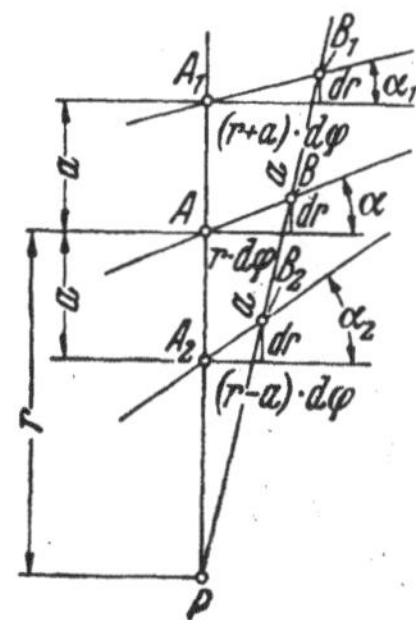

Abb. 81. Die Kurvensteigungswinkel sind an äußeren Konchoiden (A_1) kleiner, an inneren Konchoiden (A_2) größer als an der Ausgangskurve (A).

ihre Verbindungsgerade ist bei genügender Annäherung von B die Berührungstangente in A, deren Steigung gegenüber der Normalen auf dem Polstrahl aus folgender Beziehung zu ermitteln ist:

$$\operatorname{tg}\alpha = \frac{dr}{r \cdot d\varphi}.$$

Die Steigungswinkel α_1 in A_1 der äußeren und α_2 in A_2 der inneren Konchoide lassen sich dementsprechend bestimmen:

$$\operatorname{tg}\alpha_1 = \frac{dr}{(r+a)\,d\varphi} = \frac{r \cdot \operatorname{tg}\alpha \cdot d\varphi}{(r+a) \cdot d\varphi} = \frac{r}{(r+a)} \cdot \operatorname{tg}\alpha < \operatorname{tg}\alpha$$

$$\operatorname{tg}\alpha_2 = \frac{dr}{(r-a)\,d\varphi} = \frac{r \cdot \operatorname{tg}\alpha \cdot d\varphi}{(r-a) \cdot d\varphi} = \frac{r}{(r-a)} \cdot \operatorname{tg}\alpha > \operatorname{tg}\alpha.$$

Die Eigenschaft der äußeren Konchoide, daß ihre Steigungswinkel kleiner sind als die der Bezugskurve, hat ihr eine große Bedeutung in der Nachformtechnik gegeben:

Für die Gangbarkeit eines durch den Bezugskurventräger betätigten Kurventriebes ist der größte an der ansteigenden Bezugskurve auftretende Steigungswinkel α' maßgebend, weil durch ihn die zu übertragenden

Kräfte in die in Richtung der Führung und senkrecht auf die Führung wirkenden Komponenten zu zerlegen sind. Das geradgeführte Tastglied wird desto leichter zu bewegen sein, je weniger Kräfte senkrecht zur Führung wirken, die ein Verklemmen verursachen können.

Die Anwendbarkeit der zwanglaufmechanisch betätigten Nachformeinrichtungen ist demnach dann begrenzt, wenn der größte ansteigende Steigungswinkel α' der Bezugskurve eine bestimmte Größe überschreitet. Dieser größte zulässige Kurvensteigungswinkel α_0 richtet sich nach der kinematischen Ausbildung der Nachformeinrichtung und beträgt etwa 60°. Die Anwendung der äußeren Konchoide bietet nun für die Praxis eine ausgezeichnete Möglichkeit, auch noch steiler verlaufende Kurven nachzuformen:

Ist α_0 für eine Übertragungseinrichtung ermittelt, α' der größte an der vorgegebenen Kurve auftretende Steigungswinkel und r' der zugehörige Radiusvektor, dann läßt sich nach den im vorigen Abschnitt aufgestellten Beziehungen das Abstandsmaß a ermitteln, um das die Bezugskurve konchoidisch zu vergrößern ist, damit der größte an ihr auftretende Steigungswinkel $\alpha'' \leqq \alpha_0$ ist.

$$\frac{\operatorname{tg}\alpha_0}{\operatorname{tg}\alpha'} = \frac{r'}{r'+a} \qquad a = \frac{r' \cdot \operatorname{tg}\alpha'}{\operatorname{tg}\alpha_0} - r'.$$

Umgekehrt läßt sich auch das Abstandsmaß a ermitteln, um das eine gegebene Kurve konchoidisch verkleinert werden kann, ohne daß der größte an der inneren Konchoide auftretende Steigungswinkel $> \alpha_0$ wird.

Die als Bezugskurve zu benutzende äußere Konchoide wird entweder zeichnerisch oder durch Rückformen ermittelt, indem der spätere Nachformvorgang kinematisch umgekehrt wird. Hierzu wird statt des späteren Werkstücks eine Meisterkurve, statt des Werkzeugs ein Taster und statt der Tastrolle ein Fräser oder eine Schleifscheibe eingespannt. Der Fräser oder die Schleifscheibe arbeiten die Bezugsform aus einem eingelegten Blechstück heraus. Beim Nachformen selbst wird dann die Bezugskurve konchoidisch verkleinert übertragen.

Beispiele für Nachformen einer äußeren Konchoide.

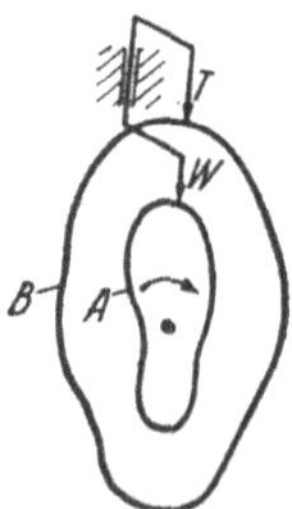

Abb. 82. Nachformdrehvorrichtungen
für Nockenwellen od. ä. (44).

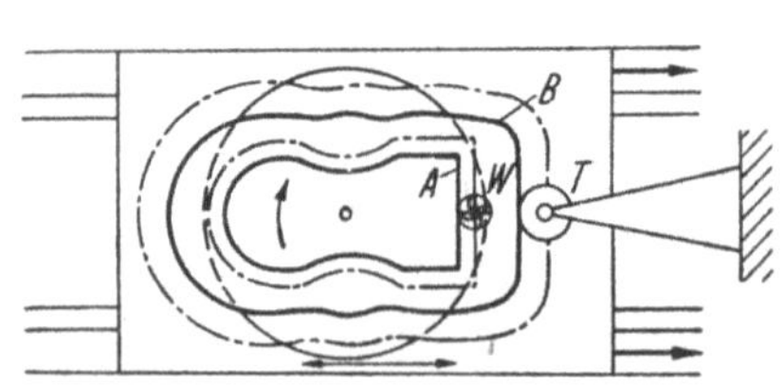

Abb. 83.
Rundnachformfräsmaschinen (5, 11, 69, 181, 215).

Sobald T und W kreisförmig sind, tritt die Abbildung durch die Gleichabständige hinzu (s. Abschn. 321.41).

In Abd. 84 ist eine Parallelverschiebung sowie die Abbildung durch Gleichabständige eingeschlossen.

Neben der Erzielung günstiger Kurvensteigungswinkel bietet die Abbildung durch Konchoiden die Möglichkeit, konchoidisch gestufte Bauteile von einer Bezugsform aus nachzuformen. Als Beispiel hierfür möge die konchoidische Größenstufung von pantoskopischen und anatomischen Brillengläsern nach DIN 3344 und 3345 erwähnt werden. Hierbei wird für eine mittlere Größe (Nennmaß 40 mm) die Form in Polarkoordinaten festgelegt. Die darüber oder darunter liegenden Größen (Nennmaße 32–46 mm) werden durch konchoidische Verkleinerung oder Vergrößerung um je 2 mm Abstandmaß vom optischen

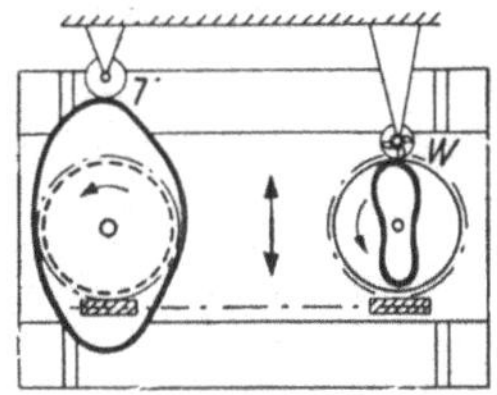

Abb. 84.
Nachformfräsvorrichtung (195) und Nachformdrehvorrichtung (110).

Mittelpunkt als Pol aus gewonnen. Die hierzu benutzte Brillenglasschneidemaschine muß natürlich dementsprechend ausgebildet sein.

Die Nachformtechnik benutzt auch gern die stetig verlaufende Gegenkonchoide (Abb. 85), die den Vorteil bietet, daß die vom Werkzeug aufzunehmenden Kräfte unmittelbar auf den fest damit gekoppelten Taster übertragen werden und dort ganz oder zusammen mit Federn oder Gewichtszug den Kraftschluß mit der Bezugsform bewirken.

Beispiele für Nachformen einer Gegenkonchoide.

Zu Abb. 86: Die Mittelpunktsbahnen A_1 und A_2 der Werkzeuge sind Gegenkonchoiden der Mittelpunktsbahnen B_1 und B_2 der Taster.

Zu Abb. 87: Auch hier ist eine Parallelverschiebung und die Abbildung durch Gleichabständige eingeschlossen. Wenn nicht mit der Nebenschneide zerspant wird, wird der Meißel durch eine zusätzliche Schwenkkurve um die Meißelspitze geschwenkt.

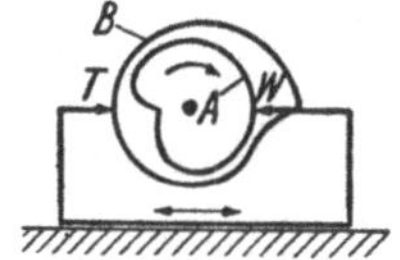

Abb. 85. Hinterdrehvorrichtung (11) und Nachformfräsvorrichtung (5, 195).

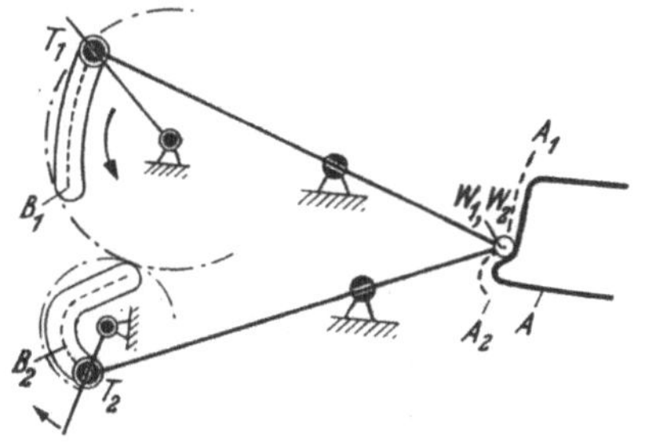

Abb. 86.
Nachformdrehen eines Radsatzes (155).

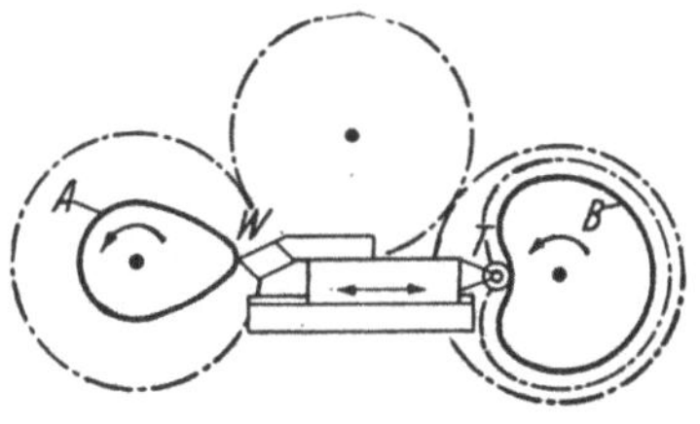

Abb. 87.
Nachformdrehen von Nockenwellen (82, 183).

321.43. Abbildung durch winkelgestreckte Begleitkurve.

Bei Anwendung der analytischen Transformationen kommen affine Abbildungen durch lineare Streckung von Koordinaten bzw. Radiusvektoren zustande. Hieran schließt der Gedanke an, auch Abbildungen durch Streckung der Winkelkoordinate polarer Kurven zu vermitteln. Eine solche „Winkelstreckung" ergibt zwar keine bekannte geometrische Abbildung, sie ist jedoch den besonderen Abbildungsgesetzen der Nachformtechnik zuzurechnen, da hierbei auch die Bedingung erfüllt ist, daß jedem Punkt der Bezugskurve ein Punkt der Werkkurve geometrisch zugeordnet werden kann und umgekehrt.

Geometrisch kann die Winkelstreckung folgendermaßen definiert werden:

Jeder Punkt A, B usw. einer polaren Bezugskurve in der Ebene I wird durch Streckung des zugehörigen Winkels φ mit einem Faktor m im gleichen Umlaufsinn bei gleichbleibendem Radiusvektor als Punkt A', B' usw. einer Werkkurve auf die Ebene II abgebildet (Abb. 88).

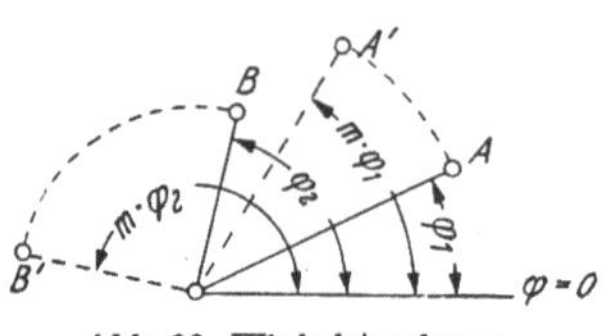

Abb. 88. Winkelstreckung.

Als Winkelstreckung wird auch eine Winkelkürzung aufgefaßt, wobei der Faktor $m < 1$ wird. Der Winkelumlauf ist weiterhin nicht auf 360° begrenzt.

Die durch Winkelstreckung nachgeformten Kurven sind um den Pol herum auseinandergezogen und weichen dadurch in ihrer Form von der Bezugskurve ab. Dies hat zur Folge, daß die Kurvensteigungswinkel in allen Punkten der winkelgestreckten Kurve kleiner sind als an der Ausgangskurve, da zwei unendlich dicht benachbarte Punkte der Ausgangskurve, durch die die Kurventangente gelegt wird, bei der Winkelstreckung aus-

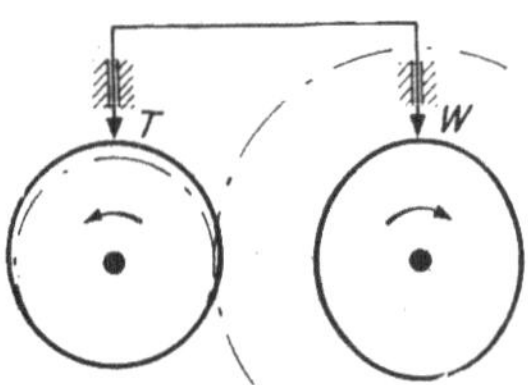

Abb. 89. Bei einer Winkelstreckung
$m = 2$ entsteht aus einem exzentrischen Kreis eine ellipsenähnliche Kurve.

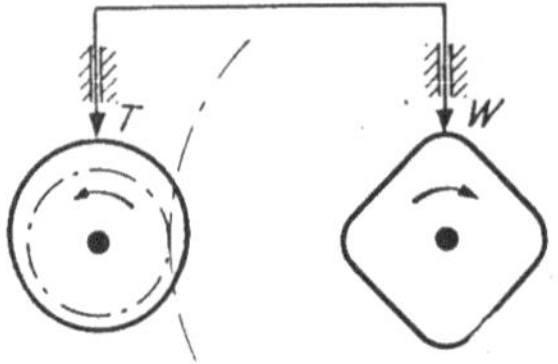

Abb. 90. Bei einer Winkelstreckung
$m = 4$ entsteht aus einem exzentrischen Kreis ein Vierkant mit abgerundeten Ecken.

einandergezogen werden und die Steigung der Tangente gegenüber der Normalen auf den Polstrahl dadurch kleiner wird.

Die Verkleinerung der Steigungswinkel hat — wie bei der affinen einseitigen Streckung und der Konchoide — vor allen Dingen für mechanisch betätigte Übertragungsmittel den Vorteil, daß sich bessere Übertragungsverhältnisse ergeben. Die Winkelstreckung hat deshalb nur Sinn an der Bezugskurve.

Die Winkelstreckung wird durch unterschiedliche Winkelgeschwindigkeit der beiden Kurventräger mit Hilfe eines Proportionalgetriebes erreicht. Bei geschlossenen Kurven wählt man gern ganzzahlige Übersetzungsverhältnisse. Es entstehen dann aus einem exzentrischen Kreis als Bezugskurve bei $m = 2$ eine ellipsenähnliche Kurve (Abb. 89), bei $m = 4$ ein Vierkant mit abgerundeten Ecken (Abb. 90).

Beispiele für winkelgestreckte Abbildung.

Zu Abb. 91: Zwischen Bezugsform und Werkstück liegt das Übersetzungsgetriebe. Bei der Hinterdrehbank wird außerdem die Gegenkonchoide benutzt.

Zu Abb. 92: Bei einer Umdrehung des Werkstücks dreht sich das Bezugsformstück viermal. Die Übertragung erfolgt durch pendelnde Glieder unter Einschluß einer Streckung. – Vergleichbare Verhältnisse hat eine Ovalschleifmaschine (149), bei der durch eine Bezugsform (Exzenter) der Werkstücktisch gegen die Schleifscheibe geschwenkt wird.

Zu Abb. 93: Eine interessante Anwendung der veränderlichen Winkelstreckung bei Gegenkonchoiden benutzt eine Profilschleifmaschine, mit der Exzenter, Ellipsen, dreieckige und viereckige Profile mit abgerunde-

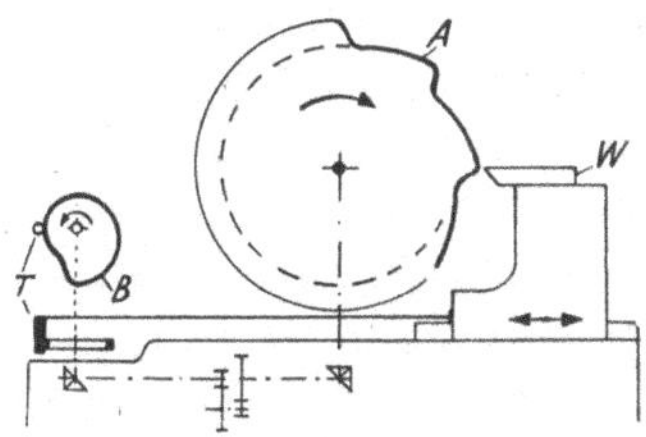

Abb. 91. **Hinterdrehbank (28, 216) und Zahnkantenabrundmaschine (197).**

ten Ecken geschliffen werden können. Durch ein veränderliches Gestänge wird der Mittelpunkt der Schleifscheibe so gehoben bzw. gesenkt, daß durch diese Korrektur geradlinige Profillinien entstehen.

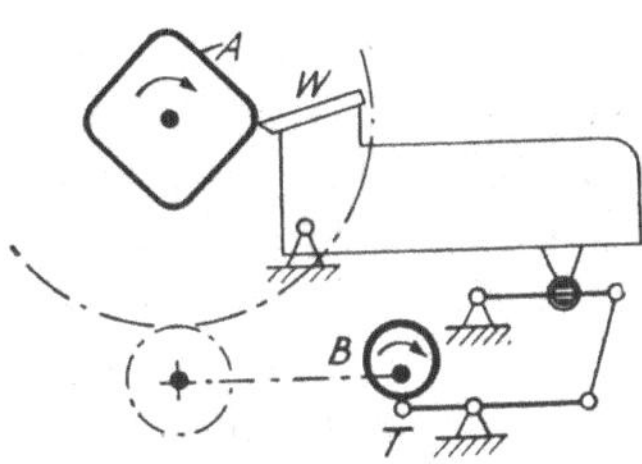

Abb. 92. Blockdrehbank (107, 112).

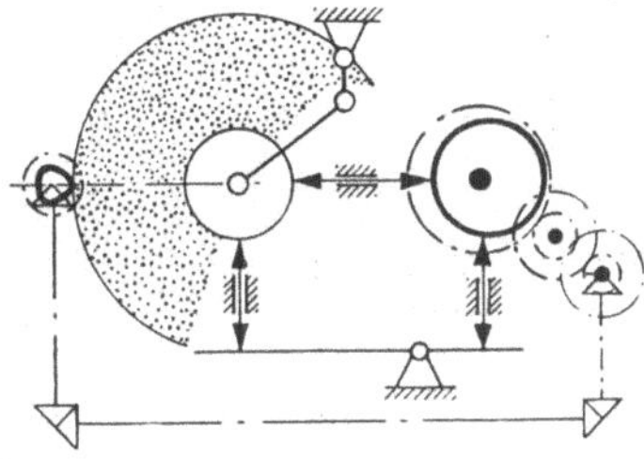

Abb. 93. Profilschleifmaschine (191).

321.5. Abbildung durch Übertragung in ein anderes Koordinatensystem.

Bei den bisher betrachteten Abbildungen ebener Kurven fanden Übertragungen nur zwischen Kurven in gleichen Koordinatensystemen statt. Es läßt sich jedoch grundsätzlich jede in Parallelkoordinaten vorliegende Kurve in eine Polarkurve übertragen oder umgekehrt. Auch in diesem Falle liegt nach unserer Definition eine Abbildung vor, da jedem

Punkt der Bezugskurve ein Punkt der Werkkurve entspricht. Der Abbildungsvorgang selbst ist deshalb ebenfalls umkehrbar.

Die Abbildung durch Übertragung in ein anderes Koordinatensystem bedeutet praktisch, daß eine in Parallelkoordinaten gegebene Kurve um den Pol eines Polarkoordinatensystems herumgewickelt wird. Die entstandene Kurve ändert zwar dadurch ihre Gestalt, sie erfüllt aber in einem Kurventrieb die gleiche Funktion wie vorher. Umgekehrt läßt sich eine Polarkurve wieder zu einer kartesischen Kurve abwickeln.

Für die Übertragung ist die Festlegung eines Übertragungsmaßstabes notwendig. Als Übertragung im gleichen Maßstab soll eine Abbildung gelten, wenn im kartesischen System eine Grundgerade, z. B. die X-Achse in Größe der Kurvenausdehnung in x-Richtung und im polaren System ein Winkelumlauf von $\varphi = 2\,\pi = 360°$ einander zugeordnet und die y- und r-Werte aufeinander bezogener Punkte gleich groß sind.

Außer dieser maßstabsgleichen Übertragung sind auch Kombinationen mit anderen bereits bekannten Abbildungsfällen möglich und unschwer durchzuführen.

Die Übertragungsmittel zum Nachformen ebener Kurven durch Übertragung in ein anderes Koordinatensystem müssen kinematisch so ausgebildet sein, daß sie die Länge x und den Drehwinkel φ in Beziehung zueinander setzen. Das kann durch Abrollen eines Kreises von $\varrho = \dfrac{x}{2\,\pi}$ auf einer Parallelen zur Grundgeraden geschehen, indem man den Kreis als Zylinder, die Grundgerade als Lineal ausbildet und unter Druck verschiebt. Schlupffreies Abrollen wird entweder durch Verzahnung oder mit der bekannten Wälzbandanordnung erreicht (Abb. 94). Durch Änderung des Durchmessers kann die Länge x einer kartesischen Kurve jedem beliebigen Winkel φ zugeordnet werden. Im übrigen sind die Übertragungsmittel für die anderen Abbildungskombinationen aus den bekannten Elementen ohne Schwierigkeit zusammenzusetzen.

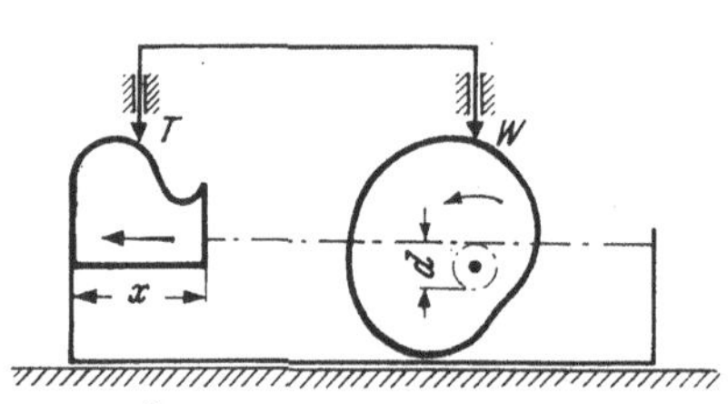

Abb. 94. Übertragung vom Parallelkoordinatensystem in das Polarkoordinatensystem.

Bekannt ist die Abbildung einer unter einem Winkel ansteigenden Geraden im kartesischen Koordinatensystem, die im polaren System eine archimedische Spirale ergibt. Aus $y = a \cdot x$ wird $r = a \cdot \varphi$.

Beispiele für Abbildung durch Übertragung in ein anderes Koordinatensystem.

Zu Abb. 95: Die auf dem Längsschlitten befestigte Polarkurve wird bei Längsverschiebung durch ein gleichachsiges Zahnrad gedreht, das an der am Bett befestigten Zahnstange abrollt. Eine kinematische Umkehrung bringt eine Fräsvorrichtung (97).

Zu Abb. 96: Die Flügelseite wird in ebene Schnitte in Längsrichtung zerlegt und diese in ein polares Koordinatensystem übertragen. Dieser walzenförmige Bezugskörper ist auf dem Schlitten befestigt und wälzt sich bei Längsbewegung des Schlittens ab. Tastrolle und Fräser sind pendelnd gelagert. Nach jedem Hin- und Hergang wird zur nächsten Zeile weitergeschaltet.

Zu Abb. 97: Die angestrebte elastische Linie wird unter Sinnumkehrung polar aufgetragen. Vergrößerung der Bezugskurve etwa 1:120. Durch Änderung des Übersetzungsverhältnisses ist jede Balligkeit möglich. Durch die Pendelübertragung kommen geringe Abweichungen zustande, die jedoch bei dem Übertragungsmaßstab unbedeutend sind (s. Abschn. 321.72).

Zu Abb. 98: Verkleinerung durch das Gestänge; Pendelübertragung mittels Wippe (siehe Abschn. 321.72).

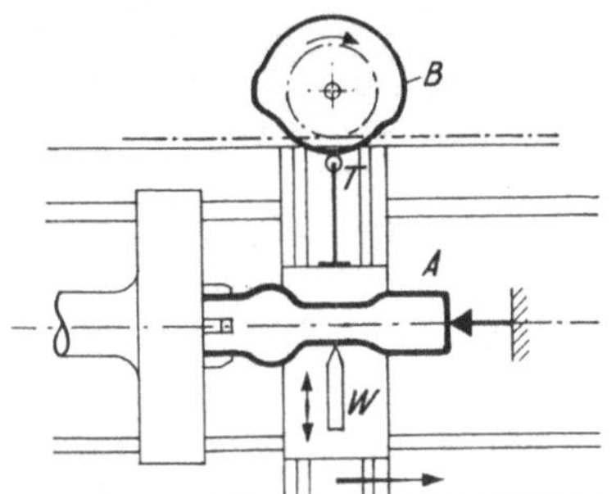

Abb. 95. Nachformdrehbank (125) und Drehautomaten.

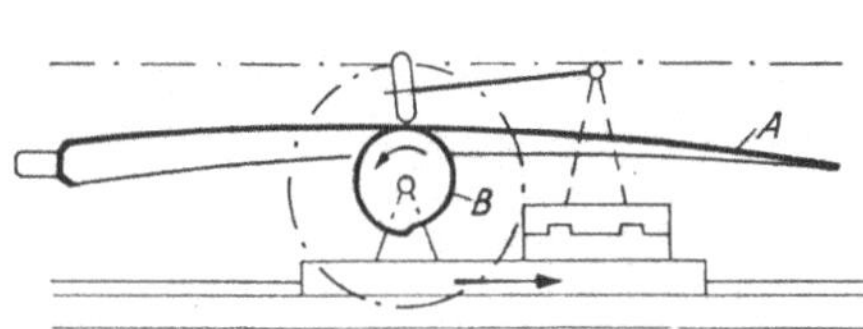

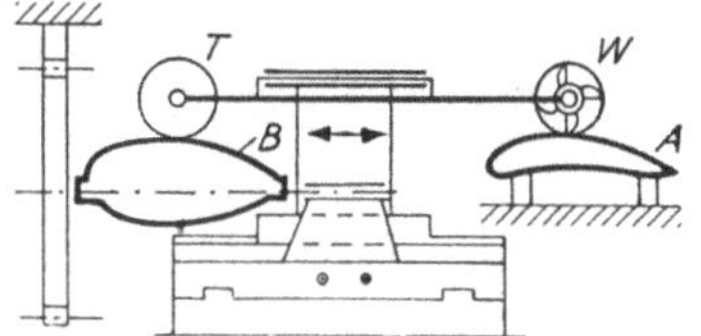

Abb. 96. Nachformfräsen von Luftschrauben (58, 67, 73).

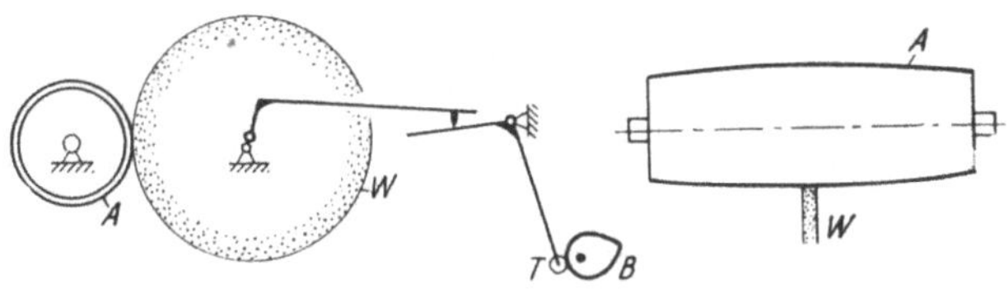

Abb. 97. Balligschleifeinrichtung (29, 37, 42, 78, 199).

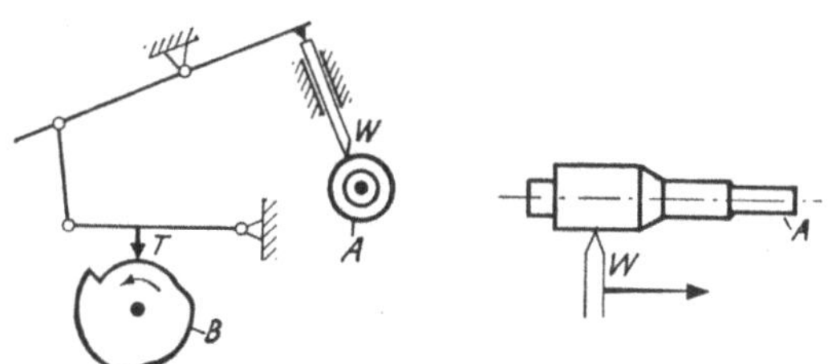

Abb. 98. Nachformdrehen auf Langdrehautomaten (7).

Eine interessante Anwendung bietet eine Filmsteuerung für Nachformfräsmaschinen (139), mit der beliebig geformte Körper, die sich um eine Achse drehen lassen, nachgeformt werden. Man geht davon aus, daß

der Körper spiralig nachgeformt wird und legt senkrecht zur Drehachse
Schnitte, die jeweils Polarkurven sind. Diese Polarkurven werden in ein
Parallelkoordinatensystem übertragen und auf einem Filmstreifen aneinandergereiht. Die Herstellung dieses Films, der nunmehr Bezugskurve
ist, kann rechnerisch und zeichnerisch erfolgen. Dieser Film lenkt bei der
Arbeit ein Lichtbündel, das seinerseits über Fotozellen die Schlitten-
bewegungen steuert.

Die Abbildung durch Übertragung in ein anderes Koordinatensystem
kann sinngemäß auch auf die räumlichen Koordinatensysteme übertragen werden. Es kann also unschwer eine im kartesischen Koordinatensystem vorliegende Kurve in ein Zylinderkoordinatensystem übertragen
werden, wenn man die Zeichenebene auf einen Zylinder vom Radius
$r = \dfrac{x}{2 \cdot \pi}$ aufwickelt.

Beispiele für Abbildung
durch Übertragung von ebenen in Zylinderkoordinatensysteme.

Zu Abb. 99: Zylindrisches Werkstück und polorientierte Bezugskurve sind fest
gekuppelt. Durch Gewichtszug kommt die Bezugkurvei mit der festen Tastrolle
zur Anlage.

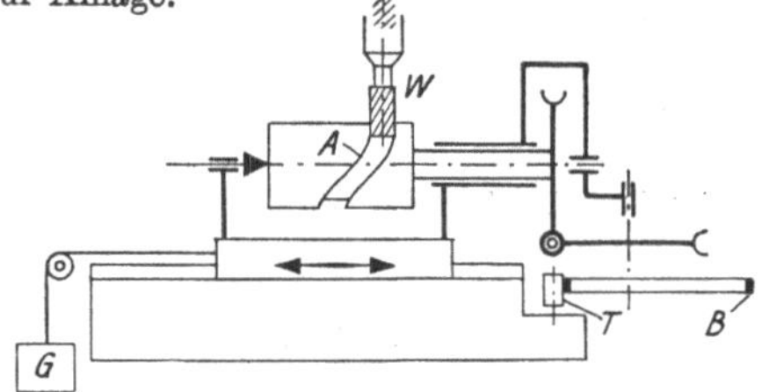

Abb. 99. Zylindernachformfräsapparat (196).

Zu Abb. 100: Auf einer Karussell-
oder Kopfdrehbank werden $n = 4 - 6$
Kaplanschaufeln aufgespannt. Als
Bezugsform dient eine Walze B, die
rechnerisch derart gewonnen wird,
daß der Zylinderschnitt, den die
Meißelspitze beschreiben soll, zunächst in eine Ebene gelegt wird, wobei den z-Koordinaten aller Punkte
im Zylinderkoordinatensystem jetzt
y-Koordinaten im kartesischen
Koordinatensystem entsprechen.

Diese Kurve wiederholt sich je nach Schaufelzahl periodisch, wobei die Lücken
zwischen 2 Schaufeln einbezogen sind. Nun überträgt man eine Periode auf 360°
der Walze, indem man eine Winkelstreckung einbezieht. Die Walze muß sich bei
einer Spindelumdrehung
n-mal drehen. Im darge-
stellten Falle ist weiterhin
noch eine Drehung um
180° eingeschlossen. Au-
ßerdem können mit *einer*
Bezugsformwalze ähnliche
verkleinerte oder ver-
größerte Schaufeln nach-
geformt werden, indem
einmal die Meißelbewe-
gungen mit einem Hebel-
getriebe untersetzt wer-
den und außerdem der Be-
zugsformschlitten relativ
zum Werkzeugschlitten

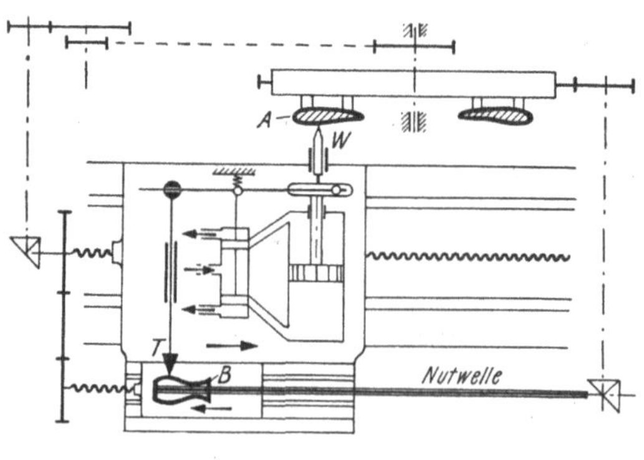

Abb. 100.
Nachformdrehvorrichtung für Kaplanschaufeln (105, 233).

mit anderer Geschwindig-
keit bewegt werden kann.
Die Meißelbewegungen
werden hydraulisch ver-
stärkt.

Zu Abb. 101: Mit der
Verschiebung des Tasters
wird das Werkstück durch
Abrollen eines Zylinders an
einem Wälzband unter den
Gravierstichel gedreht.

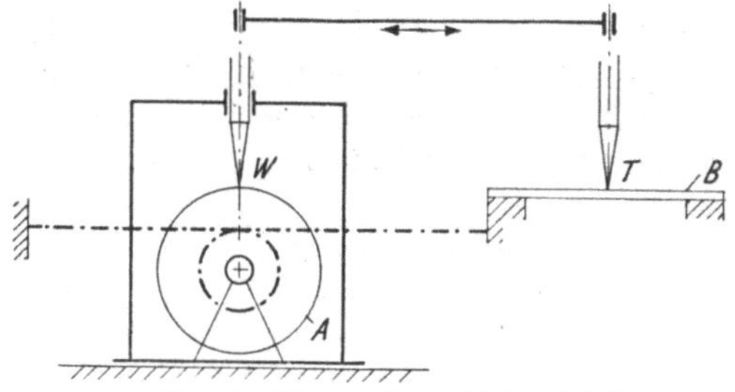

Abb. 101. Ringgraviervorrichtung (133).

321.6. Abbildung durch zerlegte Bezugskurven.

Es besteht schließlich noch die Möglichkeit, eine Kurvendarstellung
in Teilkurven zu zerlegen, diese als Bezugsformstücke, z. B. durch Ausführung in Metall, zu benutzen und beim Nachformvorgang wieder zu
einer Werkkurve zusammenzusetzen.

Zu diesem Zweck teilt man die in ein rechtwinkliges Koordinatennetz
gelegte Kurvendarstellung $y = f(x)$ in eine beliebige Anzahl ungefähr
gleicher Wegstücke ein und zerlegt den Gesamtweg des Kurvenzuges, den das Werkzeug hernach beschreiben soll in je eine senkrechte

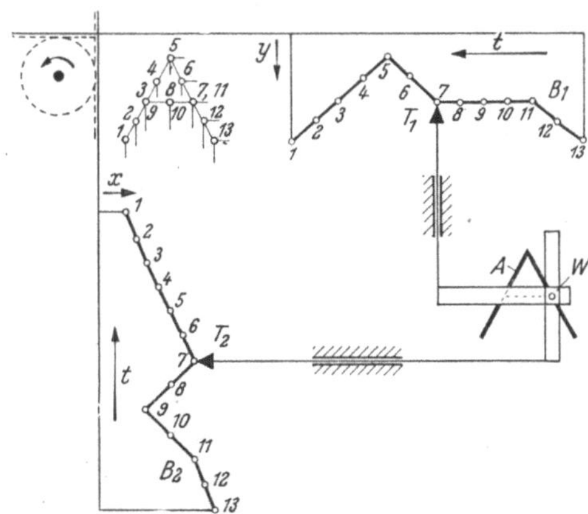

Abb. 102. Zerlegung eines Kurvenzuges in 2 Teilkurven.

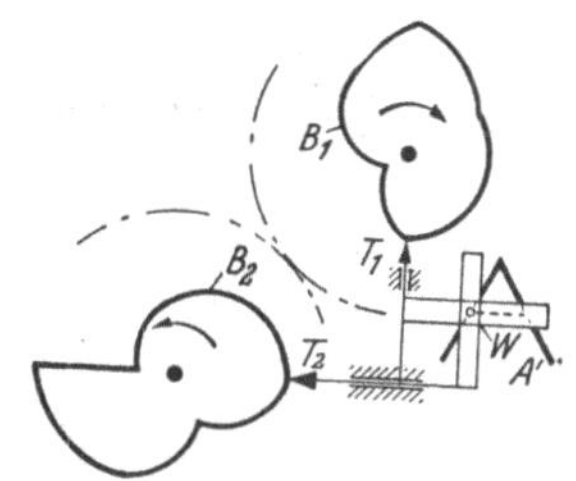

Abb. 103. Zerlegung eines Kurvenzuges in 2 polare Teilkurven.

Wegkurve $y = f_1(t)$ und eine waagerechte Wegkurve $x = f_2(t)$ über der
in eine gleiche Anzahl Strecken geteilten Zeitstrecke (Abb. 102).

Werden die so gewonnenen Teilkurven in Metall ausgeführt und in
zueinander senkrechten Richtungen mit gleicher Geschwindigkeit bewegt, wird das in einem Kreuzschieber durch die beiden Taster T_1 und T_2
bewegte Werkzeug W die Teilkurven zur Werkkurve zusammengesetzt
nachformen.

Durch die Zerlegung entstehen statt steiler oder negativ ansteigender
Kurven flach verlaufende, die zwanglaufmechanischen Kraft- oder Form-

schluß gestatten. Darüber hinaus hat man die Möglichkeit, durch
Streckung der Zeitstrecke die Steigungswinkel nach Belieben zu ändern.

Die Zerlegung der Kurvendarstellung in zwei Bezugskurven findet
Anwendung, wenn rückkehrende oder verschlungene ebene Kurven, wie

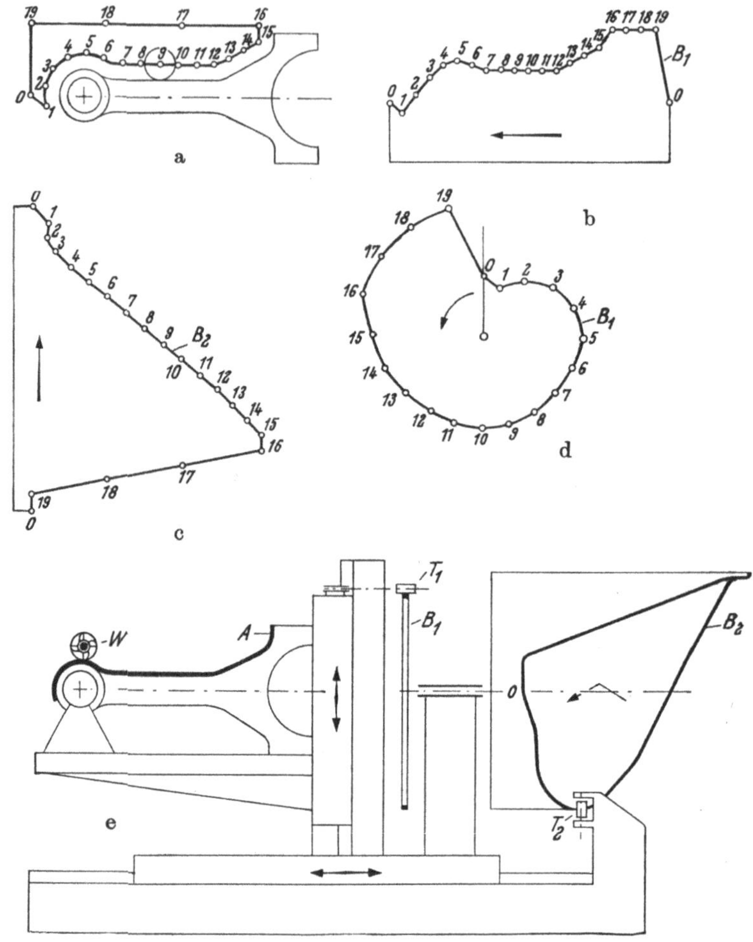

Abb. 104. Koordinatenfräs- und Schleifmaschine (150, 177).

z. B. Buchstaben, Zahlen, Namenzüge oder Firmenzeichen selbsttätig nachgeformt werden sollen, also vor allen Dingen in der Graviertechnik (102,103).

Die im kartesischen System ermittelten Teilkurven können auch in
ein polares System übertragen werden, wobei man die Möglichkeit der
konchoidischen Vergrößerung hat (Abb. 103).

Dieser Fall wird am meisten gewählt. Das Werkzeug muß gegebenen-
falls während des Rückkehrhubes außer Eingriff gebracht werden. Auch

können durch Parallelverschiebung beide Bezugskurven übereinander-
gelegt oder die Hubglieder pendelnd geführt werden (s. Abschn. 321.72).

Weiterhin ist auch die kinematische Umkehrung möglich, indem
statt des Werkzeuges ein kreuzbeweglicher Tisch durch die beiden
Bezugskurven unter einem gestellfesten Werkzeug verschoben wird.
Schließlich kann man eine kartesische Teilkurve in ein Zylinderkoordinatensystem übertragen (s. Abschn. 321.5).

Beispiel für Abbildung durch zerlegte Bezugskurven.

Zu Abb. 104: Die Mittelpunktsbahn des Fräsers (a) wird in die y-Teilkurve B_1 (b)
und in die x-Teilkurve B_2 (c) zerlegt. B_1 ist in ein Polarkoordinatensystem, B_2 in ein
Zylinderkoordinatensystem übertragen. Bei Drehung der auf gemeinsamer Achse
sitzenden Bezugskurve wird der Senkrechtschlitten durch T_1 in Y-Richtung bewegt,
während B_2 an T_2 durch Kraftschluß zur Anlage kommt und den Waagerecht-
schlitten in X-Richtung bewegt. Der Kraftschluß wird hydraulisch erreicht.

321.7. Abbildung durch besonders ausgebildete Übertragungsmittel: Pendelübertragung.

Schließlich haben wir noch Abbildungen zu behandeln, die dadurch
zustande kommen, daß die bisher betrachteten Übertragungsmittel ab-
weichend von dem geometrisch richtigen Aufbau ausgebildet werden.
Diese abweichende Ausbildung kann ihre Ursache in Konstruktions-
oder Fertigungsfehlern haben, oder zustande kommen, weil hierdurch
günstigere Fertigungsbedingungen erzielt werden. Aus den vielen Möglichkeiten wollen wir hier nur die Pendelübertragung näher untersuchen.

Bei bisher betrachteten Übertragungsmitteln mit geradlinig geführten
Eingriffsgliedern oder Kurventrägern wurden bereits kreisbogenförmige
Führungen erwähnt. Den Geradführungen gegenüber besitzen diese
Pendelführungen erhebliche Vorteile, da sie hinsichtlich der Reibung
günstiger sind, weniger Fehlerquellen aufweisen, billiger herzustellen
sind, eine leichtere Bauweise und damit schnellere Bewegungen der
bewegten Teile ermöglichen.

Wir haben bereits gesehen, daß dieser Vorteil der Pendelführung zur
Anwendung polarer Kurven führt, die in den Kurventrieben das gleiche
Bewegungsgesetz wie Kurven im kartesischen System verwirklichen. Es
liegt deshalb nahe, in der getrieblichen Ausbildung der Übertragungsmittel den Ersatz der Geradführungen durch Pendelführungen auf alle
bewegten Glieder auszudehnen.

Sofern die zum Übertragungsmittel gekoppelten parallelen Kurventriebe gleich ausgebildet sind, sich Tastglied und Werkzeugglied bzw. die
beiden Kurventräger auf gleich großen Kreisbögen bewegen, kommen
geometrisch einwandfreie kongruente Abbildungen zustande. Halbmesser
und Mittelpunkt werden so gewählt, daß im Anhubteil der Kurve der

Winkel zwischen der Tangente der Kurve und der Tangente an die Bahn des Eingriffsgliedes größer als 60° wird. Wir haben bei Betrachtung der anderen Abbildungsgesetze ebenfalls darauf hingewiesen (s. Abschn. 321.24, 321.43, 321.5, 321.6).

Wird dagegen der Grundsatz der gleichen Ausbildung beider Kurventriebe nicht beachtet, wird z. B. bei einem Gliederpaar das Tastglied geradlinig, das Werkzeugglied kreisförmig geführt, so treten bei der Werkkurve Verzerrungen ein. Die Verzerrung wirkt sich je nach Lage des Pendelpunktes als Ein- oder Ausbuchtung der Werkkurve aus. Durch Aufzeichnen von aufeinanderfolgenden Lagen läßt sich diese Verzerrung zeichnerisch bestimmen oder rechnerisch ermitteln. Es wäre also möglich, auf diese Weise die Bezugsformen mit einer die Verzerrung aufhebenden Korrektur zu versehen. Das ist jedoch sehr umständlich; man ermittelt statt dessen die Verzerrungskorrektur zwangläufig durch Rückformen. Im allgemeinen wird man sich außerdem bemühen, die Pendellänge im Verhältnis zum Pendelweg möglichst groß zu machen, so daß der flache Kreisbogen nur wenig von der Geraden abweicht. Die Verzerrungen werden dementsprechend auch klein bleiben und können u. U. innerhalb des Toleranzbereiches liegen.

Von besonderem Interesse aber ist die Konchoide bei Pendelübertragung.

Bei Ersatz der Geradführungen durch Kreisführungen wird die Konchoide verzerrt nachgeformt, weil T und W nicht mehr auf einem Polstrahl liegen, sondern sich je nach Ausbildung des Übertragungsmittels mehr oder weniger vom Polstrahl entfernen. Dieser Sonderfall der Konchoide soll ,,Pendelkonchoide'' benannt werden. Die Verzerrung kann berechnet werden, sie wird im allgemeinen durch Rückformen korrigiert.

Beispiele für Pendelkonchoiden.

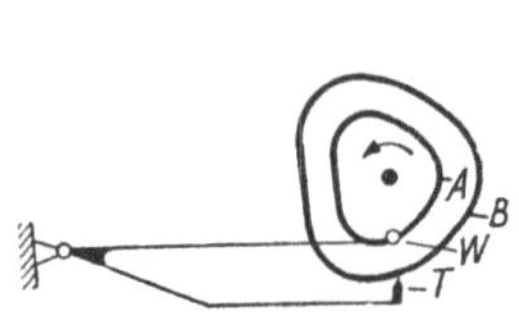
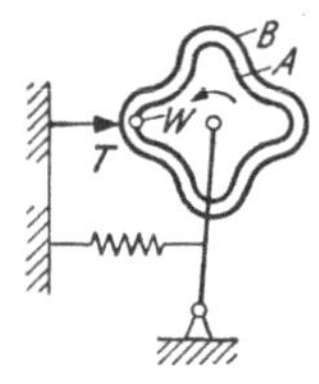
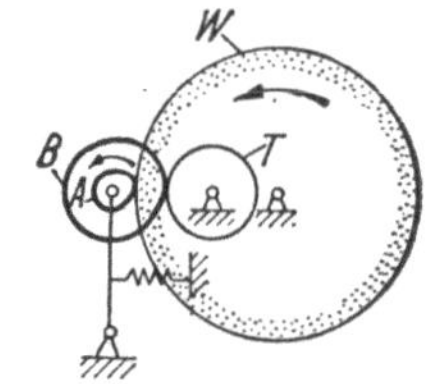

<table>
<tr><td>Abb. 105.   Brillenglasschneide-
maschine (9).</td><td>Abb. 106.   Guillochieren
und   Querpassigdrehen
(15).</td><td>Abb. 107. Nockenwellen-
und Ovalschleifmaschine
(65, 72, 200, 231, 232).</td></tr>
</table>

Zu Abb. 105: T wird an eine Bezugsform durch eine Feder angedrückt. In W ritzt ein Diamant die Pendelkonchoide (s. Abschn. 321.34).

Zu Abb. 106: W und T stehen fest. Bezugsform und Werkstück sind gleichachsig pendelnd geführt.

Zu Abb. 107: Schleifscheibe und Tastrolle stehen fest, Werkstück und Bezugsnocken gleichachsig auf einem Schwingtisch.

Zu Abb. 108: Außer einer Drehung liegt noch eine proportionale Streckung vor. Die Bezugskurve wird in einem besonderen Rückformapparat von einer 10fach vergrößerten Lehrkurve gewonnen.

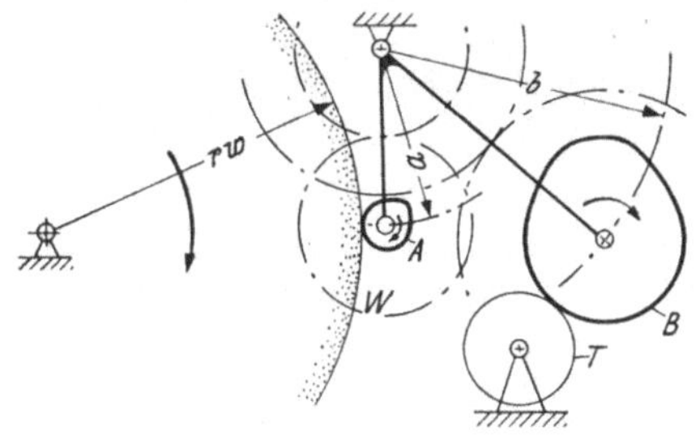

Abb. 108. Nockenwellenschleifmaschine (202).

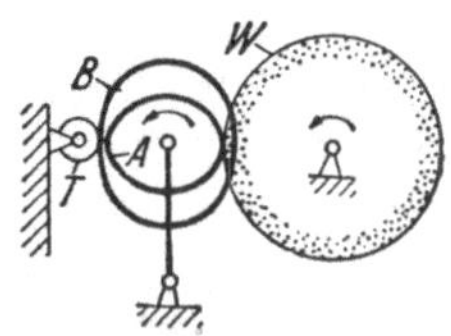

Abb. 109.
Ovalschleifmaschine (35).

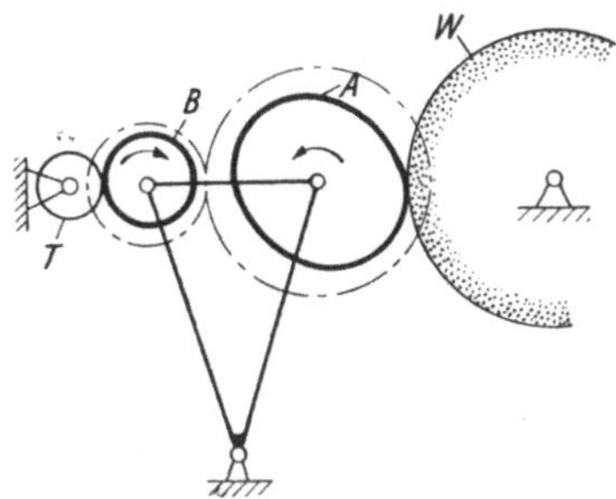

Abb. 110. Ovalschleifmaschine (36).

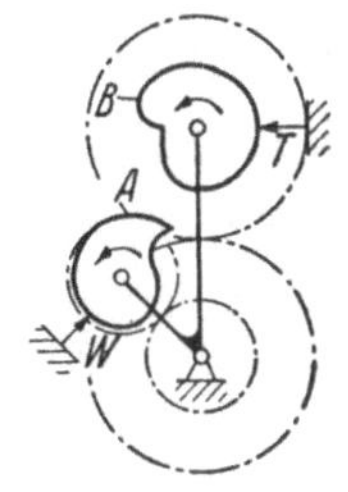

Abb. 111.
Pendelgegenkonchoide.

Zu Abb. 109: Bei Pendelgegenkonchoiden sind die Verzerrungen größer, da sich T und W noch mehr vom Polstrahl weg entfernen.

Zu Abb. 110: Die Pendelgegenkonchoide ist hier mit einer Winkelstreckung (s. Abschn. 321.43) kombiniert.

Zu Abb. 111: Die Pendelgegenkonchoide ist kombiniert mit einer Drehung und Streckung. Eine praktische Anwendung zeigt Abb. 107.

Zu Abb. 112: Der Schneidmeißel wird zusätzlich durch eine Kurvenscheibe geschwenkt.

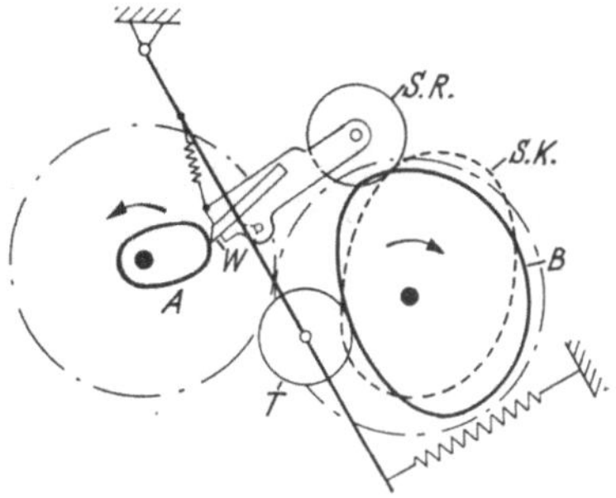

Abb. 112. Formdrehbank (117).

321.8. Abbildungsmöglichkeiten ebener Kurven durch Nachformen.

In den vorhergehenden Abschnitten wurden Abbildungsgesetze gefunden, mit denen ebene Kurven in abspanenden Werkzeugmaschinen nachgeformt werden können. Obwohl wir glauben, daß die zur Zeit in

der Nachformtechnik angewandten Abbildungsgesetze berücksichtigt
sind, erhebt unsere Aufzählung keinen Anspruch auf Vollständigkeit,
wir glauben vielmehr, daß im Laufe der Zeit noch weitere Abbildungsgesetze gefunden werden können.

Während sich die Abbildungen durch Projektionen nicht mit anderen
Abbildungsfällen kombinieren lassen, können die Abbildungsgesetze der
anderen Gruppen in beliebiger Kombination mit einem, mehreren oder
sogar allen anderen Abbildungsfällen dieser Gruppen angewandt werden. Es ergibt sich somit eine große Anzahl Kombinationsfälle, die selbstverständlich nicht alle praktisch verwertbar sind und deren lückenlose
Darstellung auch nicht lohnen würde.

Damit steht der Nachformtechnik eine sehr große Zahl von Möglichkeiten zur Verfügung, die es ihr erlaubt, praktisch allen Forderungen
mehrfach gerecht zu werden.

322. Geometrische Verhältnisse beim Nachformen von Raumkurven.

Bei unseren im ersten Hauptabschnitt vorgenommenen Untersuchungen haben wir die herzustellenden Flächen auf Flächenbildungskurven zurückgeführt und dabei gesehen, daß diese fast ausschließlich
ebene Kurven sind.

In den wenigen Fällen, wo Raumkurven als Leitkurven in Erscheinung treten, lassen sich unschwer die Abbildungsgesetze der ebenen
Kurven sinngemäß auch auf die Raumkurven übertragen.

Wir beschränken uns deshalb hier auf einige Hinweise und Beispiele
für die Abbildung von Raumkurven durch affine Transformationen.

Die *Parallelverschiebung* erfolgt sinngemäß, indem den Koordinaten-
werten ξ, η, ζ der Ausgangskurve jeweils die festen Strecken a, b, c
hinzuaddiert werden, um die abgebildete Raumkurve (x, y, z) zu erhalten.
Diese Parallelverschiebung wird getrieblich dadurch ermöglicht, daß die
entsprechenden Glieder für die Bewegungen in den drei Koordinatenrichtungen fest gekoppelt werden. Als Beispiel mögen die bekannten hand-
betätigten Nachformfräsmaschinen für Gesenke (134, 135, 192, 198, 205,
207) angeführt werden, die beliebige Raumkurven parallel verschoben
übertragen. Die Bearbeitungsfläche entsteht durch Aneinanderreihen
und Überlagern der Raumkurven, die mit verhältnismäßig spitzem
Werkzeug hervorgebracht werden. Im Gegensatz zum voll selbständigen
gleichmäßigen Zeilenfräsen lassen sich durch die Handbetätigung verwickelte Stellen beliebig genau herausarbeiten.

Die *Parallelverschiebung* von Kurven im Zylinderkoordinatensystem
wird allgemein bei der Leitspindeldrehbank, bei Gewindeschneidmaschi-
nen und auch bei Nachformfräsvorrichtungen zum Nachformen beliebiger
Zylinderkurven (30, 76) benutzt.

Die *Drehung* beim Nachformen von Zylinderkurven ergibt in vielen Fällen einfachere konstruktive Lösungen (21), sie ermöglicht aber auch, *gleichzeitig* konforme Raumkurven in vielfacher Wiederholung nachzuformen. Als Beispiel hierfür möge eine Nachformschleifmaschine für mehrflügelige Druckschrauben (242) herangezogen werden: Auf gemeinsamer Achse werden Werkstück und Bezugsformstück übereinander aufgespannt. Als Bezugsformstück dient *eine* Schraubenflügelseite, die von einem Taster in konzentrischen Zylinderschnitten abgetastet wird. Mit dem Taster sind fest verbunden, jedoch parallel verschoben eine Schleifscheibe gleicher Form und außerdem je nach Flügelzahl weitere zwei oder drei Werkzeuge in gleicher Ebene jeweils um 90° bzw. 120° gegeneinander versetzt. Bei Drehung von Werkstück und Bezugsformstück führen Taster und Werkzeuge, die in einem gemeinsamen Gestell gehalten werden, Bewegungen in Richtung der Systemachse aus.

Wie bei ebenen Kurven wird die *Spiegelung* durch gegenläufige Bewegung in *einer* Koordinatenrichtung erreicht. Bei Kurven im Zylinderkoordinatensystem wird der Umlaufsinn des Radiusvektors durch ein Umkehrgetriebe gewechselt. Man erhält dadurch z. B. statt rechtsgängiger Schraubenlinien oder Druckschrauben solche mit Linksgang. Es ist also auch hier möglich, von *einer* Bezugskurve aus außer konformen auch spiegelgleiche Raumkurven und Raumflächen nachzuformen.

Für die *Streckung* werden für jede Koordinatenrichtung die bekannten Proportionalgetriebe auch hier eingesetzt. Geometrisch ähnliche Raumkurven werden mit den bekannten von Hand geführten Nachformfräsmaschinen mit Pantographen (134, 135, 205, 207) nachgeformt. Auch hier entstehen durch die Überlagerung vieler Raumkurven Flächen.

Eine Nachformfräsmaschine zum Nachformen großer Schiffsschrauben (144) nach einem verkleinerten ähnlichen Bezugsformstück ist erwähnenswert. Werkstück und Bezugsformstück sind auf zwei parallel liegenden Rundtischen aufgespannt. Beide Tische drehen sich im gleichen Sinne mit gleicher Geschwindigkeit. Taster und Fräser sind auf je einer Senkrechtführung beweglich. Bei Drehung der Tische wird der Taster angehoben und steuert hydraulisch die Aufwärtsbewegung des Werkzeugschlittens. Durch ein Hebelgestänge wird die Steuerung derart beeinflußt, daß das Werkzeug je nach dem eingestellten Übersetzungsverhältnis größere Strecken zurücklegt als der Taster. Nach Durchfahren einer Flügelseite werden die beiden Drehtische zum nächsten Zylinderschnitt verfahren. Der Schaltweg des Werkstücktisches ist durch mechanische Übersetzung dabei größer als der des Bezugsformtisches. Das Vergrößerungsverhältnis ist zwischen 1:2 und 1:5 wählbar. Selbstverständlich können auch durch Änderung des Drehsinnes spiegelgleiche Schrauben nachgeformt werden.

323. Die Verwirklichung der geometrischen Verhältnisse beim Nachformen.

Unsere bisherigen Untersuchungen erstreckten sich auf die geometrischen Beziehungen zwischen Bezugskurven und Werkkurven, die durch nach den Abbildungsgesetzen verschieden gestaltete Glieder der Übertragungsmittel mechanisch vermittelt werden. Es soll jetzt der Frage nachgegangen werden, wie diese geometrischen Verhältnisse zu verwirklichen sind, wie also die Übertragungsmittel betätigt werden müssen, um ihre Aufgabe zu erfüllen. Es wurde bereits gesagt, daß wir uns an dieser Stelle lediglich mit einer Ordnung der zur Verfügung stehenden Betätigungen begnügen.

Zur Einleitung der Nachformbewegungen stehen zur Verfügung:

a) Bewegung von Hand,

b) zwanglaufmechanische Bewegung durch Form- oder Kraftschluß (nur für Nebenvorschub),

c) mechanischer Antrieb (Elektromotor, Drucköl).

Wir werden eine Unterteilung in Betätigungen von Nachformeinrichtungen für zweidimensionale Kurven und solche für dreidimensionale Kurven vornehmen. In die Gruppe der zweidimensionalen Kurven beziehen wir hier die auf Kreiszylindern liegenden Kurven ein, deren dritte Koordinate jeweils konstant ist.

323.1. Betätigungen von Nachformeinrichtungen für zweidimensionale Kurven.

Soll der Taster eines Übertragungsmittels auf der Bezugskurve entlanggeführt werden, ist dazu eine Bewegung in einer vorzüglichen Koordinatenrichtung und eine vom Kurvenverlauf abhängige Bewegung in der anderen Koordinatenrichtung notwendig.

Wir nennen diese beiden Bewegungen Haupt- und Nebenvorschub. Hauptvorschubbewegung ist also die Bewegung, die im allgemeinen nicht Null wird, während die Nebenvorschubbewegung Null werden kann. Während bei Kurven im Parallelkoordinatensystem die Wahl der Hauptvorschubrichtung beliebig ist und so stattfindet, daß sich möglichst große Eingriffswinkel μ ergeben, ist im Polar- und Zylinderkoordinatensystem stets die Winkelkoordinate als Richtung der Hauptbewegung anzusehen.

Dabei können die Bewegungen auf zwei Arten zustande kommen:

Durch eine unmittelbar am Übertragungsmittel zur Wirkung kommende Betätigung.

Durch eine mittels Steuerung verstärkt am Übertragungsmittel zur Wirkung kommende Betätigung.

Bezieht man diese Möglichkeiten auf Haupt- und Nebenvorschub, kann man drei Hauptgruppen von Betätigungen unterscheiden:

1. Unmittelbare Betätigung von Haupt- und Nebenvorschub.

2. Unmittelbare Betätigung des Hauptvorschubs, mittelbare Betätigung des Nebenvorschubs durch gesteuerte Kraftverstärkung.

3. Mittelbare Betätigung von Haupt- und Nebenvorschub durch gesteuerte Kraftverstärkung.

323.11. Unmittelbare Betätigung von Haupt- und Nebenvorschub.

Für die unmittelbare Betätiguug beider Vorschübe werden zwei der zur Verfügung stehenden Antriebsarten kombiniert.

Die unmittelbare Betätigung beider Vorschübe von Hand ermöglicht das Nachfahren aller Kurvensteigungswinkel, auch solcher über 60°.

Bekannt ist die unmittelbare Betätigung des Hauptvorschubs durch mechanischen Antrieb bei zwanglaufmechanischer Betätigung des Nebenvorschubs durch Kraft- oder Formschluß. Der Formschluß kann durch Rollen oder Stifte erfolgen, die in Nuten laufen. Es wurde auch bereits darauf hingewiesen, daß Formschluß auch durch eine gleichachsig angeordnete Gegenkonchoide erreicht wird, die von einer zweiten Tastrolle berollt wird. Der Kraftschluß wird in üblicher Weise durch Gewichts- oder Federzug, durch Druckluft, durch Drucköl (177, 150) oder auch mit Hilfe einer Magnetrolle (185) erreicht.

323.12. Unmittelbare Betätigung des Hauptvorschubs, mittelbare Betätigung des Nebenvorschubs durch gesteuerte Kraftverstärkung.

Die gesteuerte Kraftverstärkung beruht darauf, daß durch geringe Steuerkräfte am beweglichen Taster, der deshalb Fühler genannt wird, große Antriebskräfte zur Wirkung gebracht werden. Da es sich in allen Fällen um Nachlaufsteuerungen handelt, ist man bestrebt, die Zeit vom Geben des Steuerkommandos bis zur Auswirkung immer weiter zu verkürzen, um die Nachformgenauigkeit zu erhöhen.

Zur Zeit sind folgende Steuerungen bekannt:

Elektrische Kontaktsteuerungen,
elektrische Induktionssteuerungen,
lichtelektrische Steuerungen,
hydraulische Steuerungen durch veränderliches Strömungsventil,
hydraulische Steuerungen durch Flüssigkeitsverteilung,
pneumatisch-hydraulische Steuerungen,
elektrisch-hydraulische Steuerungen.

Die elektrischen Steuerungen zur Betätigung des Nebenvorschubs bei unmittelbarer Betätigung des Hauptvorschubs sind kaum noch gebräuchlich. Bei der einzigen zur Zeit bekannten Ausführung (193) wird bei Betätigung eines Kontaktes über ein Wendeschütz die Drehrichtung des Nebenvorschubmotors gewechselt, so daß das Übertragungsmittel samt Fühler und Werkzeug ständig hin und her gehende Bewegungen ausführt, während der Hauptvorschub weiter betätigt wird. Hierdurch wird die Werkkurve in kleinen, unter 45° liegenden Treppen nachgeformt. Steilere Stellen versucht man durch Unterbrechung des Hauptvorschubs nachzufahren. Umrißfräsen ist möglich, wenn man in jedem Quadranten die Hauptvorschubrichtung wechselt.

Bei der lichtelektrischen Steuerung liegen drei Kreisläufe vor: Der Kurvenzug, der als Zeichnung oder Bezugsformkante benutzt wird, deckt in der Sollstellung des Abtastkopfes die Blende der Fotozelle zur Hälfte ab. Ändert sich bei Betätigung des Hauptvorschubs die die Fotozelle belichtende Lichtmenge, wird entsprechend auch die Stromstärke sich ändern. Man benutzt diese Änderung der Stromstärke, um über Verstärker und Relais Magnetkupplungen oder Regelgetriebe zu verstellen, die den Abtastkopf stets wieder in die Sollstellung nachsteuern (55, 130, 243). Es kann ebenso auch eine hydraulische Pumpe von der Fotozelle verstellt werden (89). Die Fotozellensteuerung ist auch in der Form bekannt, daß ein Lichtband in der Sollstellung durch eine verspiegelte Schraubenkante in zwei gleiche Teile getrennt wird, die je eine Fotozelle treffen. Ändert sich durch Betätigung des Hauptvorschubs diese Lichtverteilung, werden entsprechende Steuervorgänge über Brückenschaltung und Relais ausgelöst (139).

Durch Freigabe eines größeren oder kleineren Querschnitts eines Strömungsventils können Nebenvorschubbewegungen hervorgebracht werden, wenn der Gegendruck durch Eigengewicht oder durch gleichbleibenden hydraulischen Druck vorhanden ist (165, 144, 147, 148, 178).

Die Flüssigkeitsverteilung nach dem System BONTEMPI ist sehr weit verbreitet und hat sich in der Praxis gut bewährt. Die Verteilung erfolgt durch Steuerkanten, die jeweils Kanäle freigeben oder schließen (14, 126, 161, 225, 233, 157, 160, 186, 213, 223, 236, 241). Neuerdings benutzt man auch Sitzfühler an Stelle von Kolbenschiebern (89). Der Vorteil des hydraulischen Fühlers ist die treppenlose Werkkurve.

Eine andere Steuerung benutzt eine Luftdüse, deren Querschnitt mit nur geringen Kräften am Fühler verändert werden kann. Durch die unterschiedliche Höhe des Luftdrucks innerhalb der Düse wird mittels einer Membran ein Steuerschieber für das Drucköl betätigt.

Statt einer Luftdüse kann auch eine Elektronensteuerung, die sehr schnell arbeitet, den Steuerschieber der Hydraulik betätigen (159).

Mit den Steuerungen dieser Gruppe sind im allgemeinen nur Steigungswinkel $\alpha < 45°$ nachzuformen. Durch besondere Maßnahmen, wie Unterbrechung des mechanischen Vorschubs oder mittels Vorschubregelkurven können auch steilere Winkel nachgefahren werden. Absätze bis 90° können durch Schrägstellung des Drehbankschlittens um 60° gegen die Drehachse gedreht werden.

323.13. Mittelbare Betätigung von Haupt- und Nebenvorschub durch gesteuerte Kraftverstärkung.

Für die mittelbare Betätigung beider Vorschübe werden die Steuermittel der vorigen Gruppe benutzt.

Die elektrische Kontaktsteuerung nach dem KELLER-System (60, 47) ist gleicherweise für Drehbänke, Fräsmaschinen wie auch zum Umrißfräsen unter Zuhilfenahme eines Quadrantenschalters zu benutzen (14). Da nunmehr beide Vorschubbewegungen abhängig voneinander betätigt werden, können Steigungswinkel bis $\alpha = 90°$ nachgeformt werden. Von Nachteil ist die unter 45° bzw. 90° ansteigende oder fallende treppenförmige Werkkurve, so daß nur verhältnismäßig große Werkstücke, vor allen Dingen Ziehformen, hiermit gefertigt werden. Um Kupplungen zu vermeiden, versucht man neuerdings, die Vorschübe mit Doppelläufermotoren zu betätigen. Man kann mit elektrischer Steuerung von einer „Gebermaschine" aus mit Hilfe der elektrischen Welle gleichzeitig mehrere Nachformfräsmaschinen in Betrieb nehmen (52, 68, 70, 71, 80, 129, 163, 164, 167, 168).

Die Kontakte versucht man zu vermeiden, indem man Induktionsspulen beeinflußt, die dann ihrerseits Steuerkommandos verstärkt an regelbare Motoren geben (14, 210).

Des treppenlosen Nachformens wegen sind die hydraulischen Steuerungen sehr beliebt (128). In neuerer Zeit wurden Fühlersteuerungen entwickelt, die das Öl in drei Richtungen verteilen: eine Regelpumpe liefert eine einstellbare Menge Öl, das durch einen Fühler nach System BONTEMPI in zwei entgegengesetzte Richtungen (Nebenvorschubrichtungen) verteilt wird. In der Mittelstellung des Tasters, in der keine Bewegung in Nebenvorschubrichtung erfolgt, wird die gesamte Ölmenge in den Hauptvorschubzylinder gegeben. Wird nur ein Teilquerschnitt freigegeben, fährt der Fühler in Richtung der Resultierenden. — An die Stelle von Zylinder und Kolben kann auch der Flüssigkeitsmotor treten.

323.2. Betätigungen von Nachformeinrichtungen für dreidimensionale Kurven.

323.21. Unmittelbare Betätigung aller Vorschübe von Hand.

Als unmittelbare Betätigung zum Nachformen von Raumkurven steht zur Zeit nur die Betätigung von Hand zur Verfügung, die den Vorteil hat, daß eine räumliche Fläche durch Übertragung beliebiger auf ihr liegender Raumkurven in beliebiger Reihenfolge und Lage nachgeformt wird. Man hat dabei die Möglichkeit, verwickelte Stellen am Bezugsformstück langsamer und in dichter zusammenliegenden Bahnen zu bestreichen, während beim vollselbsttätigen Nachformen die Fühlerbahnen stets gleichen Abstand voneinander haben. Als Nachteil sei hervorgehoben, daß die gesamte Fräskraft von der Hand des Bedienungsmannes aufgenommen werden muß. Man benutzt diese Betätigung nur für kleine Werkstücke, vor allen Dingen für Schmiedegesenke und Preßformen. Außer Abbildungen im Maßstab 1:1 lassen sich mit dieser Steuerung auch ähnliche Abbildungen verwirklichen (134, 205, 207).

323.22. Mittelbare Betätigung der ebenen Vorschübe (von Hand gesteuert — hydraulisch verstärkt), unmittelbare Betätigung des Senkrechtvorschubs durch Kraftschluß.

Eine Nachformfräsmaschine für mittelgroße Gesenke versucht den obenerwähnten Nachteil der Handbetätigung zu vermeiden und doch den großen Vorteil der mit Handsteuerung beliebig nachzuformenden Raumkurven auszunutzen (198):

Mit Hilfe eines Steuerhebels kann Drucköl auf Kolben in den vier Himmelsrichtungen der Ebene verteilt werden, wodurch der Taster und damit auch das Werkzeug in diesen und somit in Richtung der jeweiligen Resultierenden bewegt wird. Es können beliebige ebene Kurven ausgesteuert werden. Die Bewegung in der dritten Koordinatenrichtung geschieht unmittelbar durch Kraftschluß mittels Gewichts oder — wie in der Praxis meist — mittels Handdrucks. Die Maschine hat einen *starren* Taster, also keinen Fühler.

Sobald der Taststift gegen das Bezugsformstück anläuft, steigt der Öldruck, es öffnet sich ein Überdruckventil, der Taster bleibt stehen und kann erst nach Einstellen einer neuen Richtung wieder weiterbewegt werden. Da der Öldruck, um dem Fräsdruck entgegenwirken zu können, eine bestimmte Größe haben muß, fährt der Taststift mit dieser Kraft gegen die Bezugsformkante. Der Taststift kann sich je nach seinem Durchmesser mehr oder weniger stark dabei verbiegen.

33. Erzeugungsverfahren.

Nach der getroffenen Definition werden „Erzeugungsverfahren" solche Abspanverfahren genannt, bei denen mindestens eine Flächenbildungskurve als Bahnkurve eines Getriebepunktes aus sich heraus „erzeugt" wird.

Am Werkstück wird die Flächenbildung verwirklicht, indem auf diesem Getriebepunkt ein Schneidwerkzeug geführt wird. In den weitaus meisten Fällen werden Leitkurven „erzeugt", während die Erzeugenden zumeist nachgeformt sind.

Von den unendlich vielen beliebigen Bahnkurven von Getriebepunkten denkbarer Getriebe sind nur die für uns von Interesse, die in ihrem gesamten Verlauf durch ihre kinematischen Erzeugungsbedingungen bestimmbar sind.

Der Bereich der in diesem Sinne „erzeugbaren" Kurven ist demnach auf die Bahnkurven von Getriebepunkten beschränkt, für die die zugehörigen Getriebeabmessungen zu bestimmen sind. Für die Gliederung der Erzeugungsverfahren werden wir demnach Kurvenfamilien und -gruppen wählen, denen gleichgeartete Getriebe zugrunde liegen.

In der Beschränkung auf die „erzeugungsfähigen" Kurven liegen die Schwierigkeiten dieser Verfahren und der offensichtliche Nachteil den Nachformverfahren gegenüber, die auf dem Höchststand ihrer Entwicklung praktisch jede beliebige Kurve nachzuformen erlauben. Trotz dieses Nachteils sind jedoch die Vorteile der Erzeugungsverfahren nicht zu unterschätzen, die in der höheren geometrischen Genauigkeit und größeren Wirtschaftlichkeit beruhen, vor allem jedoch darin, daß kein Bezugsformstück vorhanden sein muß.

Obwohl einzelne Erzeugungsverfahren bereits seit langem bekannt sind, haben wir es hier mit einem für die Fertigungstechnik noch neuen Gebiet zu tun. Die von uns gewählte Gliederung kann deshalb auch keinen Anspruch auf Vollständigkeit erheben. Es ist im Gegenteil zu hoffen, daß der Bereich der „erzeugbaren" Kurven weiter ausgedehnt werden kann.

Unserer bisherigen Betrachtungsweise entsprechend werden wir wieder untergliedern zwischen der Erzeugung ebener Kurven und von Raumkurven.

331. Erzeugung ebener Kurven.

Als „erzeugbare" ebene Kurven haben wir folgende Kurvengruppen ermitteln können:

> Geneigte Geraden,
> Kreisbögen,
> zykloidische Kurven,
> sinoidische Kurven,
> Koppelkurven.

Wir sind der Auffassung, daß später noch weitere Kurvengruppen gefunden werden, die in der Fertigungstechnik verwendbar sind.

331.1. Erzeugung von geneigten Geraden.

Man kann mit Hilfe von Getrieben Gerade erzeugen, die unter einem beliebig wählbaren Winkel gegen die Grundgerade geneigt sind, wenn man gleichzeitig den Längs- und Quervorschub eines Kreuzschlittens in einem bestimmten Geschwindigkeitsverhältnis betätigt. Man kann diese Anordnung Keilschubgetriebe nennen. So können z. B. auf der Drehbank Kegel gedreht werden, in-dem man für die Längs-bewegung die Leitspindel, für die Querbewegung die Zugspindel benutzt und beide mit entsprechender Geschwindigkeit antreibt.

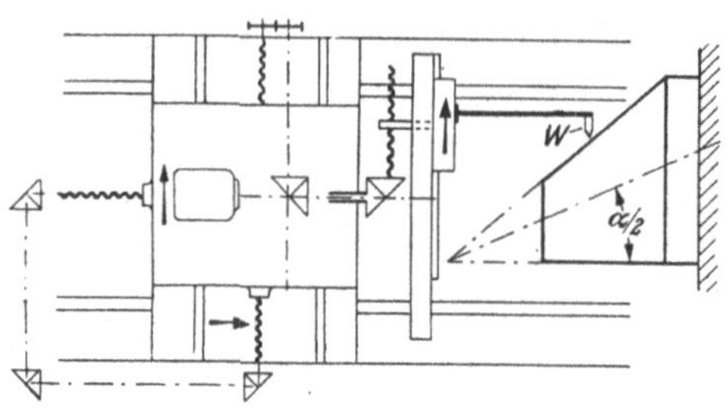

Abb. 113. Erzeugung eines elliptischen Kegels.

Man kann dieses Ge-triebe in verschiedensten Abwandlungen benutzen. So ist es möglich, einen Kegel zu drehen, der in jedem Schnitt senkrecht zu einer Mantellinie einen Kreis aufweist. Man kann diesen elliptischen Kegel auf einem Drehwerk mit einem umlaufenden Werkzeug erzeugen, das selbst auf einem Kreuzschlitten gelagert ist (Abb. 113).

Der Kreuzschlitten wird in der vorher beschriebenen Weise so ver-schoben, daß sich der Mittelpunkt des Werkzeugkreises auf einer um den Kegelachswinkel $\alpha/2$ gegen die Waagerechte geneigte Gerade bewegt. Außerdem wird der Planschieber in Abhängigkeit von der Waagerecht-bewegung nach außen verschoben.

331.2. Erzeugung von Kreisbögen.

Wird eine Ebene um einen Punkt auf einer anderen festliegenden Ebene gedreht, beschreiben sämtliche Punkte der ersten Ebene konzen-trische Kreisbögen auf der festliegenden Ebene.

Wir haben hier als einfachstes Erzeugungsgetriebe den in einem Punkt gelagerten Hebel. In der Fertigungstechnik wird er in großem Umfang für verschiedenste Aufgaben benutzt.

Weit verbreitet sind die bekannten Kugel- und Runddrehvorrich-tungen; aber auch für besondere Fälle sind sie entwickelt worden (84).

Eine Kulissenfräsmaschine (73, 217) zum Fräsen verschiedener Kulis-senhalbmesser besitzt einen kreuzbeweglichen Tisch unter dem Fräskopf. Der Längsvorschub wird mechanisch bewirkt. Der Querschieber ist mit einer Stange starr verbunden, die um einen Punkt im gewünschten Halb-messer schwenkbar ist.

Mit gleichen Mitteln können auch ballige und hohle Flächen sowie Bogenstücke durch Hobeln oder Fräsen erzeugt werden (27).

Eine Einrichtung zur Erzeugung geometrisch einwandfreier Kugel-flächen ist erwähnenswert (20, 51): Als Werkzeuge kommen in Frage Messerkopf, Topfschleifscheibe oder Schabewerkzeug, die um den Kugel-mittelpunkt geschwenkt werden. Der Durchmesser des Werkzeuges kann beliebig gewählt werden, er muß nur kleiner als der Kugelhalbmesser sein (Abb. 114 und 115). Da jeder beliebige Schnitt durch eine Kugel ein Kreis ist, werden beim Drehen des Werkstückes und Schwenken des sich

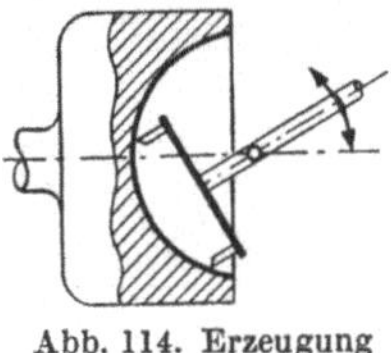

Abb. 114. Erzeugung
einer Hohlkugelhälfte.

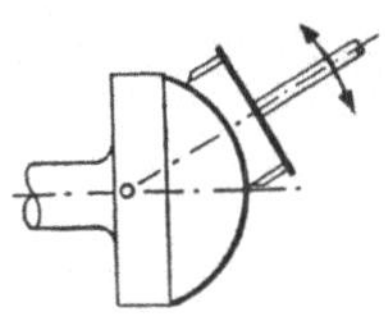

Abb. 115. Erzeugung
einer Vollkugelhälfte.

drehenden Werkzeuges nacheinander auf dem Werkstück unendlich viele Kreise erzeugt, deren Hüllfläche eine Kugelfläche ergibt. Schmale Kugelzonen können ohne Schwenken des Werkzeuges erzeugt werden, wenn der Werkzeugdurchmesser größer ist als die Sehne der Kugelzone.

331.3. Erzeugung von zykloidischen Kurven.

Rollt ein Kreis auf einem anderen Grundkreis ohne zu gleiten ab, beschreiben sämtliche Punkte einer mit dem Rollkreis verbundenen Ebene zykloidische Kurven, die auch Trochoiden oder Radlinien genannt werden.

Aus der Vielzahl dieser möglichen zykloidischen Kurven sind einige durch die besonderen Getriebeverhältnisse ausgezeichnet und haben auch in der Fertigungstechnik besondere Bedeutung gewonnen.

Wir können folgende zykloidische Kurven unterscheiden:

Nach Lage der beiden Kreise zueinander:

Epizykloide = Rollkreis r rollt außen auf Grundkreis R (Abb. 116).

Hypozykloide = Rollkreis r rollt innen auf Grundkreis R (Abb. 117).

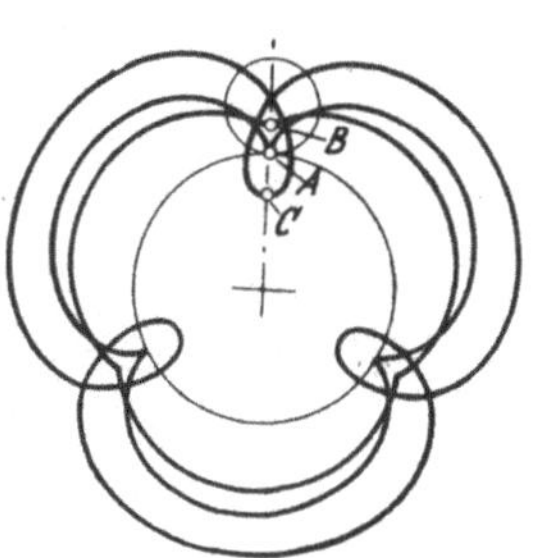

Abb. 116. Epizykloiden, $n = 3$

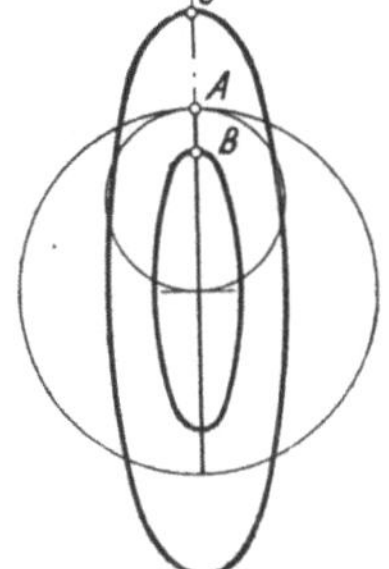

Abb. 117. Hypozykloiden, $n = 2$.

Perizykloide　　　　　= Hohler Rollkreis r rollt außen auf kleinerem Grundkreis R.

Allgemeine Zykloide　= Rollkreis r rollt auf einer Geraden ($R = \infty$) (Abb. 118).

Kreisevolvente　　　= Gerade ($r = \infty$) rollt auf Grundkreis R (Abb. 119).

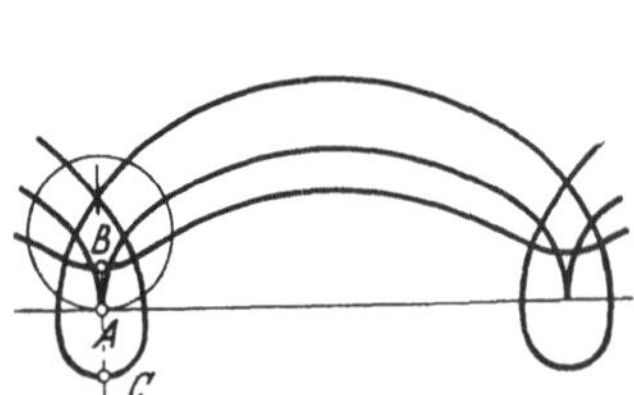

Abb. 118. Allgemeine Zykloiden.

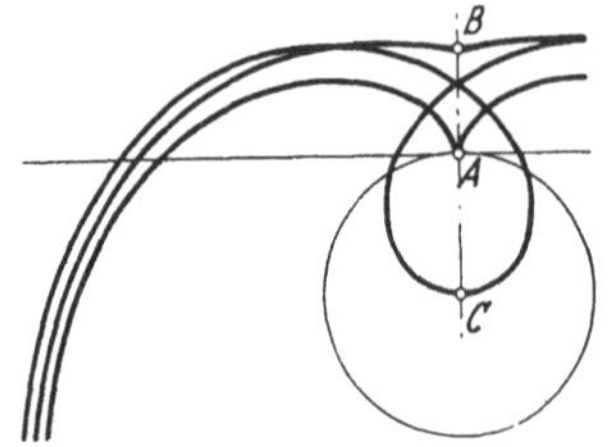

Abb. 119. Kreisevolventen.
C archimedische Spirale.

Nach Lage des erzeugenden Punktes zum rollenden Kreis:

Gespitzte Zykloide　　　= Punkt liegt auf dem Rollkreis (A).
Verkürzte Zykloide　　　= Punkt liegt innerhalb des Rollkreises (B).
Verlängerte Zykloide　= Punkt liegt außerhalb des Rollkreises (C).

Die archimedische Spirale ist ein Sonderfall der verlängerten Zykloide bei Kreisevolventen, wenn der erzeugende Punkt um R über die abrollende Gerade hinaus verlängert ist, wenn also die Evolvente im Mittelpunkt des Grundkreises beginnt (Abb. 119, C).

Nach dem Verhältnis von Grundkreishalbmesser zu Rollkreishalbmesser ($n = R:r$).

Beispiele:

Kardioide　　　　　　　　　　= gespitzte Epizykloide, $n = 1$.

Pascalsche Schnecke　　　　= gespitzte Epizykloide, $n = 2$.

Gerade, doppelt beschrieben = gespitzte Hypozykloide (Abb. 117, A), $n = 2$.

Ellipsen　　　　　　　　　　= verkürzte oder verlängerte Hypozykloide (Abb. 117, B, C), $n = 2$.

Steinersche Hypozykloide　= gespitzte Hypozykloide, $n = 3$.

Astroide　　　　　　　　　　= gespitzte Hypozykloide, $n = 4$.

Auf die analytische Behandlung soll nicht weiter eingegangen werden, da sie genügend bekannt ist. Es sei nur hervorgehoben, daß die Kurvennormale in sämtlichen Punkten der Zykloide durch den jeweiligen Berührungspunkt beider Kreise geht.

In den zykloidischen Kurven, zu denen auch die Gerade, Ellipse, Evolvente und archimedische Spirale gehören, steht eine große Anzahl

„erzeugbarer" Kurven zur Verfügung, die bereits weitgehend von der Fertigungstechnik benutzt werden. Wir wollen in folgendem an einigen Beispielen zeigen, wie die Erzeugung verwirklicht wird:

Beispiele für zykloidische Kurven:

Obwohl die Zykloidenverzahnung kaum noch verwendet wird, kann man sie für die zweizahnigen Drehkolben von Kapselgebläsen anwenden. Man kann dieses Profil mit einem einfachen Messer im Wälzstoßverfahren erzeugen (3).

Zu Abb. 120: Statt eines Kardan-Kreispaares ($n = 2$) wird das Kreuzschleifengetriebe verwendet. Weil Punkte, die sich auf dem Rollkreis um 180° versetzt gegenüberliegen, ueinander senkrechte Geraden beschreiben, läßt man A und B in recht-

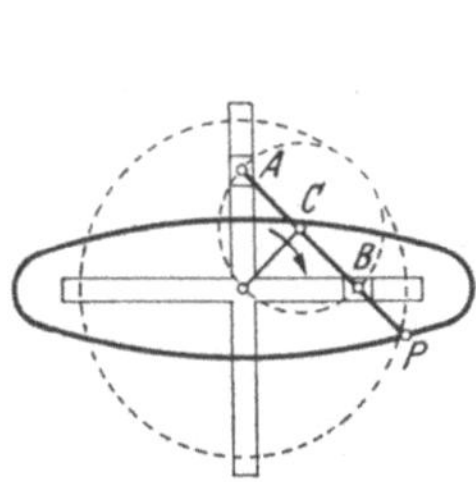

Abb. 120. Kreuzschleifengetriebe für Ellipsen.

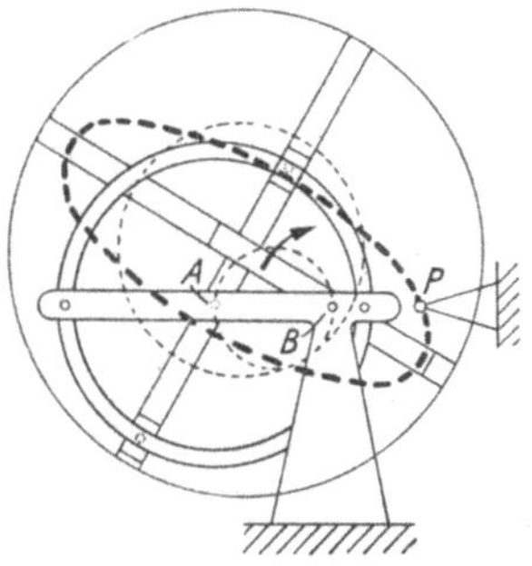

Abb. 121. Ovalwerk von L. da Vinci.

winklig zueinander liegenden Führungen laufen, während C um den Systemmittelpunkt O gedreht wird. P oder jeder andere Punkt der Stange $A - P$ beschreiben Ellipsen, wobei $AB = \frac{1}{2} \cdot$ große Achse, $BP = \frac{1}{2} \cdot$ kleine Achse ist. Durch Änderung der Abstände sind andere Ellipsen erzeugbar. Nach diesem System arbeiten die Ellipsenschreiber.

Zu Abb. 121: In kinematischer Umkehrung werden jetzt die Punkte A, B und P festgehalten und die mit den Kreuzführungen versehene Planscheibe um B gedreht. A ist zu einer Kreisführung erweitert, um der Vorrichtung besseren Halt zu geben. – Die Ovalwerke sind in verschiedenen Abwandlungen bekannt (8).

Zu Abb. 122: Gibt man bei einer verlängerten Hypozykloide mit $n = 3:2$ dem Punkt P einen geeigneten Ab-

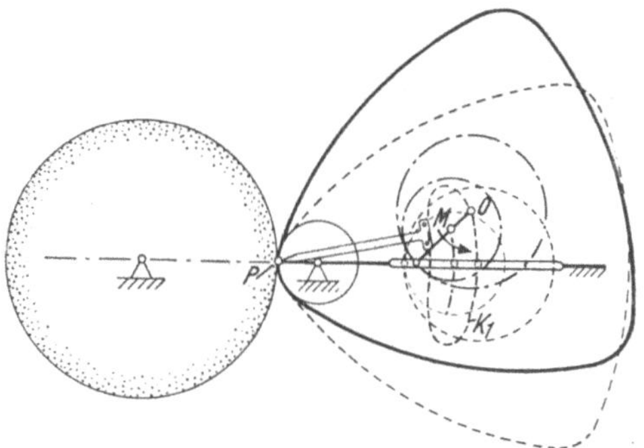

Abb. 122. Schleifmaschine für unrunde Werkstücke (180).

stand vom Rollkreis, dann beschreibt P einen Kurvenzug, der einem Dreieck mit abgerundeten Ecken nahekommt. Da die Normale in jedem Punkt der Zykloide durch den jeweiligen Berührungspunkt der beiden Kreise geht, kann diese Normale $P-B$ auch körperlich als Kurbelschleife dargestellt werden, wobei in P ein Gelenk und für B ein Schleifgelenk vorzusehen ist. Die Schleifmaschine benutzt die kinematische Umkehrung, indem sie die Kurbelschleife gestellfest macht und den Kurbelarm $O-B$ antreibt, wobei M einen Kreisbogen, O die geschlossene Kurve K beschreibt. Der Punkt P beschreibt dann auf einer mit dem Grundkreis fest verbundenen Ebene die gewünschte Hypozykloide. Bringt man auf der gestellfesten Normalen und ihrer Verlängerung Schleifscheiben an, deren Umfang durch P gehen, kann man kongruente Außen- und Innenprofile schleifen.

Es können auch durch Neigung der Werkzeugachse gegenüber der Werkstückachse in der gleichen Ebene Voll- und Hohlkörper mit Böschungsflächen erzeugt werden.

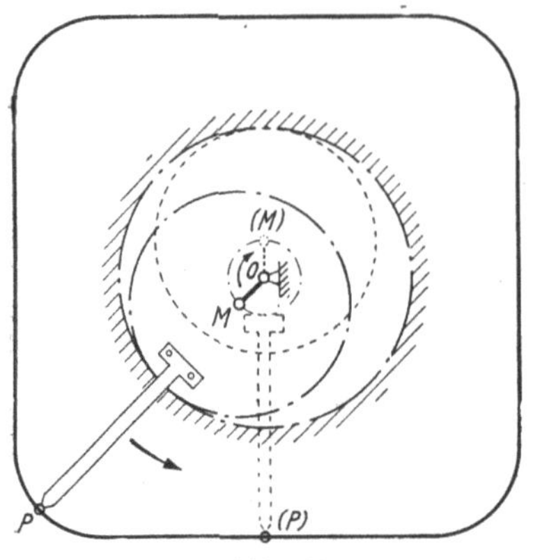

Abb. 123.
Vierkantbohrvorrichtung (53).

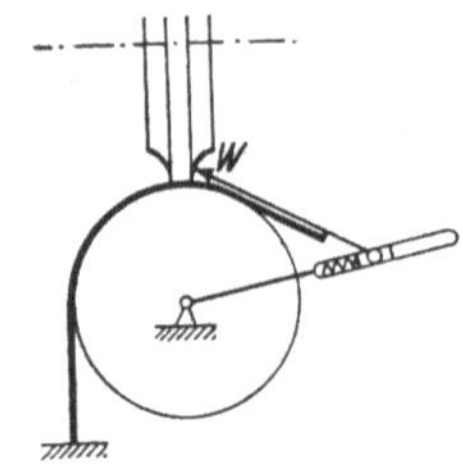

Abb. 124. Evolventen-Zeichen- und
Abziehvorrichtungen (39, 66).

Zu Abb. 123: Ein Viereck mit abgerundeten Ecken wird erzeugt, wenn man einem Hypozykloidengetriebe mit $n = 4:3$ folgende Gliederabmessungen gibt:

$$O - M = 0{,}0725 = \text{Seitenlänge,}$$
$$P - M = 0{,}5725 = \text{Seitenlänge.}$$

Der verzahnte Rollkreis ist mit der Bohrstange verbunden und wird in einem festen Punkt geschwenkt. Die Werkzeugbahn liegt dadurch zwar nicht in einer Ebene, die Abweichungen sind jedoch unbedeutend.

Zu Abb. 124: Die Wälzgerade ($r = \infty$) ist in jedem Punkt der Evolvente zugleich Normale und bis zur Berührung mit dem Grundkreis der jeweilige Krümmungs-

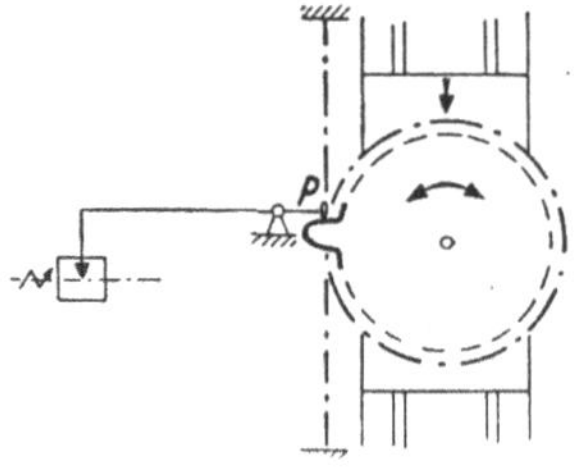

Abb. 125. Evolventenprüfgeräte (174).

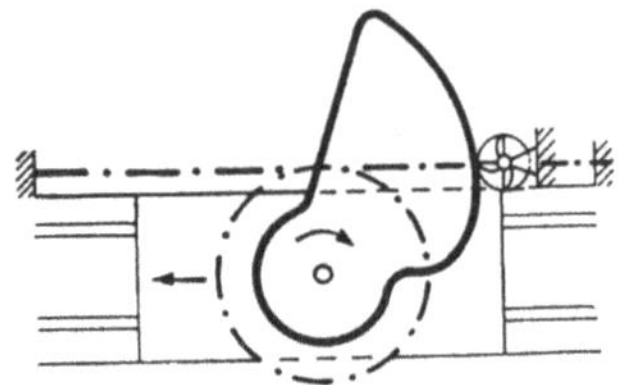

Abb. 126. Fräsen oder Stoßen von Evolventenkurvenscheiben (13).

halbmesser. Ersetzt man die Wälzgerade durch einen straff gespannten Faden den man abwickelt, beschreiben sämtliche Punkte dieses Fadens gleichabständige Evolventen. Diese „Fadenkonstruktion" kann man verwirklichen, indem man ein Stahlband und ein abwälzendes Lineal benutzt.

Zu Abb. 125: Wird das Wälzband festgehalten und wälzt sich bei der Verschiebung des Tisches der Zylinder daran ab, dann beschreibt der festgehaltene Punkt P Evolventen in der mit dem Wälzzylinder verbundenen Ebene. Wird P gegen eine Zahnflanke angesetzt und stimmt deren Evolvente mit der durch P erzeugten nicht überein, wird durch einen Hebel bei 500facher Vergrößerung ein Ausschlag auf einen Schreibstift übertragen, unter dem ein Papierstreifen abrollt.

Zu Abb. 126: Tritt an Stelle des Fräsers ein Stoßmesser, dann ist darauf zu achten, daß die gerade Schneidkante senkrecht zur Wälzgeraden steht, weil diese Schneidkante als Berührungstangente im jeweiligen Wälzpunkt die Evolvente als Einhüllende erzeugt. Durch Schränkung, d. h. durch Verschieben des erzeugenden Werkzeuges senkrecht zur Geradführung, können auch verkürzte oder verlängerte Evolventen sowie die archimedische Spirale erzeugt werden.

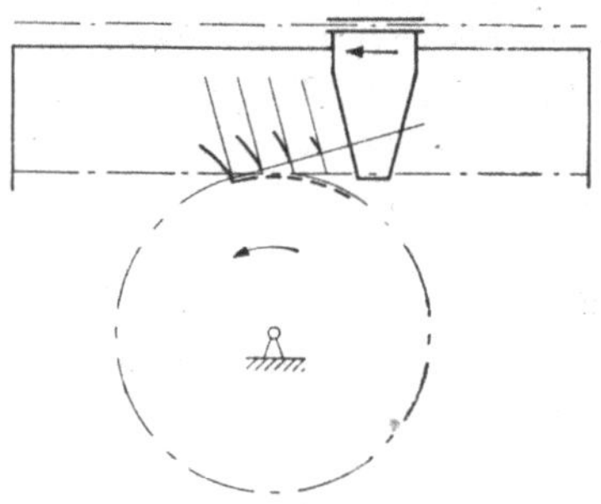

Abb. 127. Evolventenverzahnung.

Zu Abb. 127: Damit ist der Schritt zur Evolventenverzahnung gegeben. Die die Evolvente tangierende Werkzeugschneide wird um den Eingriffswinkel geneigt. Die spiegelgleiche Ausbildung der Werkzeugschneide zur Erzeugung der anderen Zahnflanke ergibt ein einzahniges Werkzeug mit geraden Schneiden.

Das einzahnige Werkzeug führt weiter zur Doppelkegelscheibe (176, 204), zu zwei gegeneinander geneigten Tellerscheiben (240), zum zahnstangenartigen Werkzeug (189) und zum Wälzfräser (214).

Da man in kinematischer Umkehrung mit einem evolventischen Werkzeug ein Zahnstangenprofil herstellen kann, kann man auch ein evolventisches Schneidrad direkt mit einem Werkrad in Eingriff bringen, wenn man ein gewöhnliches Epizykloidengetriebe verwendet, wie sie in Schneidradstoßmaschinen vorhanden sind (187).

Auf die Einzelheiten der Verzahnung und der Verfahren soll hier nicht weiter eingegangen werden, am Verzahnungserzeugungsverfahren wird aber der Vorteil gegenüber den Verzahnungsnachformverfahren besonders deutlich:

Mit einfachsten, genau herstellbaren Werkzeugformen werden geometrisch einwandfreie Profile erzeugt, die Werkzeugherstellung und -unterhaltung ist billiger, das Erzeugungsverfahren deshalb wirtschaftlicher.

Das Wälzverfahren hat dadurch noch eine umfassendere Bedeutung gewonnen, daß sich mit einem Wälzgetriebe außer evolventischen Kurven auch andere Profile erzeugen lassen, wenn man dem Werkzeug eine entsprechende Form gibt, die durch Aufzeichnen der aufeinanderfolgenden Lagen gewonnen wird.

Auf diese Art werden z. B. Keilwellen, Ketten- und Sperräder im Wälzfräsverfahren hergestellt. Wenn auch hierbei die Form des Werkzeugs maßgeblichen Einfluß auf das Werkstückprofil hat, so soll dennoch das Wälzen dieser Profile den Erzeugungsverfahren zugerechnet werden, da jeder Punkt des Werkzeugprofils Evolventen beschreibt, die sich in bestimmten Fällen auch „unterschneiden" können, so daß dann nicht mehr jeder Punkt des Werkstückprofils auf einen Punkt des Werkzeugprofils bezogen werden kann.

Das Wälzen mittels eines Wälzgetriebes kann auch im umgekehrten Sinn angewandt werden, indem man dem mit dem Grundkreis verbundenen Rade Schneiden gibt und es im Werkstück abwälzt, das sich seinerseits dreht. Dieses Prinzip wird bei Wälzdrehbänken und Formschälmaschinen (33, 56, 203) benutzt. Es lassen sich auf diese Art Handgriffe, Gewinde, Schnecken und andere Drehkörper herstellen. Auch kann man solche Profile ausstoßen.

331.4. Erzeugung von sinoidischen Kurven.

Zur sinoidischen Kurvenfamilie werden alle Kurven gerechnet, die auf ein Sinusgesetz zurückzuführen sind und sich deshalb periodisch wiederholen. Man unterscheidet die gewöhnliche oder einfache Sinuslinie und höhere Sinoiden, die durch Überlagerung mit anderen Kurven entstehen. Entsprechend der grundsätzlichen Zweiteilung werden Sinoiden im kartesischen Koordinatensystem Geradschubsinoiden, solche im Polarkoordinatensystem Polarsinoiden benannt. Maßgebend für die Gestalt der Sinuslinie ist die Amplitude oder Hubhöhe und die Schwingungsdauer oder die Wegstrecke für eine Schwingung.

Die getriebliche Ausbildung sei an einigen Beispielen gezeigt:

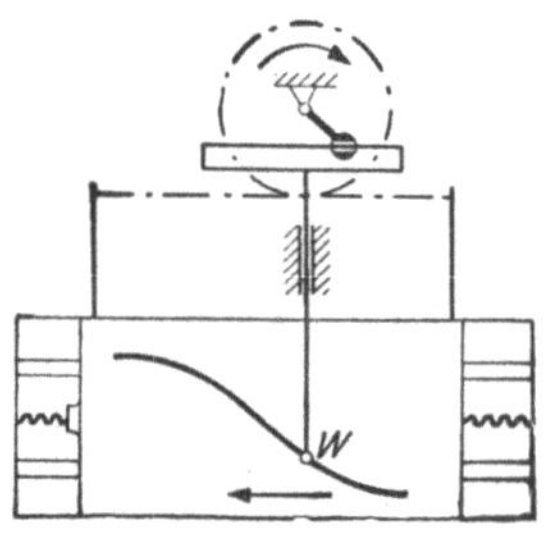 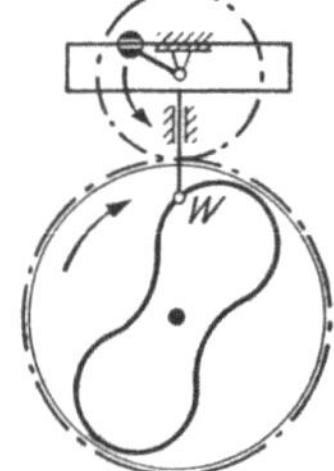

Abb. 128. Vorrichtung für Geradschubsinuslinie bei bewegtem Werkzeug.

Abb. 129. Vorrichtung für Polarsinuslinie bei bewegtem Werkzeug.

Beispiele für Erzeugung von Sinuslinien.

Zu Abb. 128: Die Hubbewegung wird durch eine Kreuzschleifenkurbel bewirkt, die mit der Geradführung durch Wälzband gekoppelt ist.

Zu Abb. 129: Anstatt der Geradführung wird die Winkeldrehung des Werkstücktisches durch Wälzband mit der Kurbel gekoppelt. Man wählt für die Kopplung gern ganzzahlige Durchmesserverhältnisse und nennt die entstehenden Sinoiden „ein-, zwei- oder mehrlobig". Polarsinoiden ungerader Hubzahl haben die Eigenschaft, daß einem Punkt größten Ausschlags um 180° gedreht stets ein Punkt geringsten Ausschlags gegenüberliegt. Da diese Polarsinoiden auf allen durch den Pol gehenden Strahlen gleichen Durchmesser besitzen, werden sie auch Kurven gleicher Breite genannt und können durch 2 Tastrollen formschlüssig berollt werden.

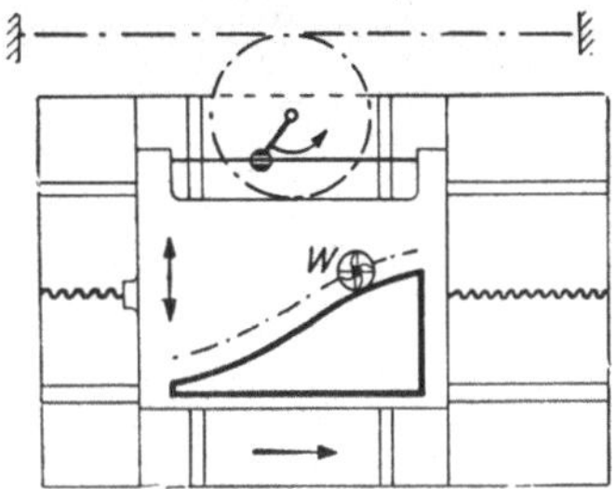
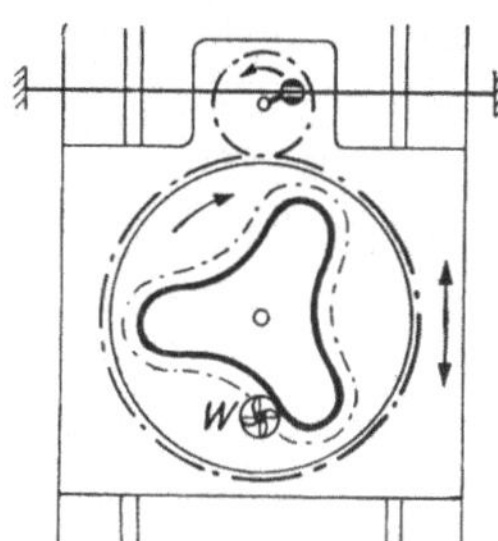

Abb. 130. Fräsvorrichtung für Geradschubsinuslinie bei feststehendem Werkzeug.

Abb. 131. Fräsvorrichtung für Polarsinuslinie bei feststehendem Werkzeug.

Zu Abb. 130: Die kinematische Umkehrung ist am besten für die Herstellung von Steuerkurven auf der Fräsmaschine geeignet, die in vielen Fällen Rasten, d. h. Geraden zwischen sinusförmigem Auf- und Abstieg, haben. Es ist zu beachten, daß die Mittelpunktsbahn des Werkzeugs die Sinuslinie ist, die ausgefräste Kurve die Gleichabständige dazu.

Zu Abb. 131: Die Anordnung kann zur Herstellung von Steuernocken, auch solchen mit Rasten, d. h. Kreisbögen auf der Fräsmaschine benutzt werden.

An Steuerkurven und -nocken mit Rasten zwischen reinem sinusförmigem Auf- und Abstieg entstehen im Geschwindigkeits- und Beschleunigungsdiagramm ein Geschwindigkeitssprung bzw. kurzfristige Beschleunigungen von unendlicher Größe, wenn die beiden Kurvenstücke nicht tangential ineinander übergehen. Es kommen sonst theoretisch unendlich hohe Massenkräfte zur Wirkung, die nur durch elastische Verformung, Öldampfung und Spiel praktisch endlich groß werden, aber sich durch einen heftigen Stoß bemerkbar machen.

Aber auch bei tangentialem Übergang hat das Geschwindigkeitsdiagramm Ecken und das Beschleunigungsdiagramm Sprünge von endlicher Höhe, die jedesmal einen Ruck im Kurvengetriebe verursachen (31). Dieser Ruck ist nur zu vermeiden, wenn außer dem tangentialen Übergang eine zweite Bedingung erfüllt ist, daß beide Kurvenstücke an der Übergangsstelle gleich große und gleich gerichtete Krümmungen besitzen.

Da beide äußerlich feststellbare Wirkungen, Stoß und Ruck, dauerndes Hämmern, Schlagen, Federschwingung oder große Zerstörungen des Kurvenverlaufs zur Folge haben, sollten Steuerkurven stoß- und ruckfrei hergestellt werden.

Diese Forderung wird auch von der Fertigung unterstützt, da an den Sprungstellen Bearbeitungsunstetigkeiten durch plötzliche Änderung des Schleifdrucks und der Werkstückgeschwindigkeit auftreten (92).

Da in den Wendepunkten der Sinuslinie der Krümmungsradius unendlich groß wird, liegt es nahe, den Übergang in die Rast hier erfolgen zu lassen. Die Sinuslinie muß demnach um den gleichen Winkel, den die Tangente im Wendepunkt gegenüber der x-Richtung bildet, geneigt werden, d. h., die bisherige Schubrichtung wird um diesen Winkel geneigt. Damit ist die geneigte Sinoide als Überlagerung einer geneigten Geraden mit einer Sinuslinie entstanden und kann auch auf diese Weise erzeugt werden. Man kann nun je nach der Richtung der überlagerten Sinusschwingung zur geneigten Geraden verschiedene geneigte Sinoiden unterscheiden.

Getrieblich wird die Kreuzschleifenkurbel mit einem Keilschubgetriebe bzw. der bekannten Vorrichtung zur Erzeugung einer archimedischen Spirale gekoppelt.

Beispiele zur Erzeugung geneigter Sinoiden.

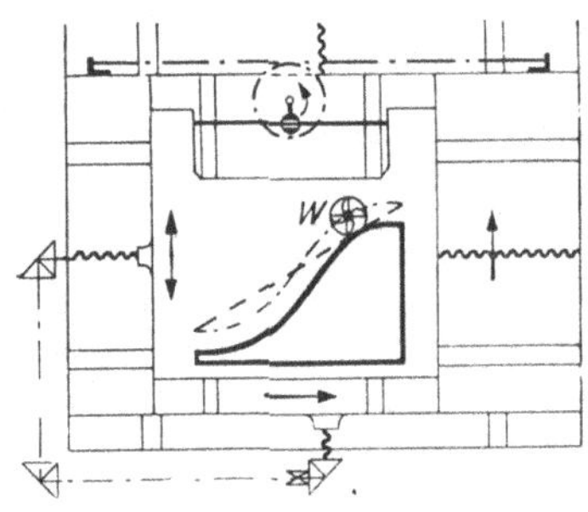

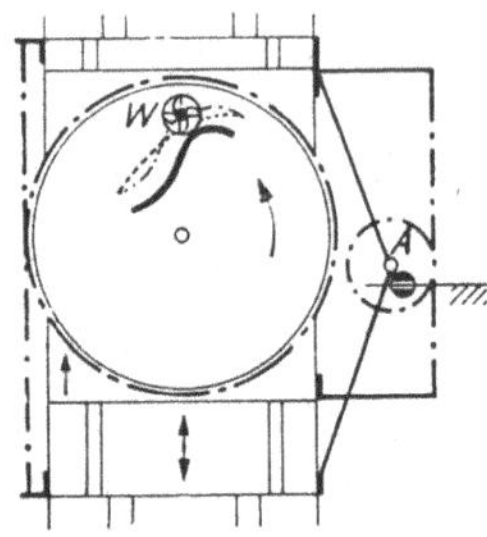

Abb. 132.
Fräsvorrichtung für geneigte Geradschubsinoide nach HELLING-BESTEHORN (13).

Abb. 133. Fräsvorrichtung für geneigtePolarsinoide nach HELLING-BESTEHORN (13).

Zu Abb. 132: Das Keilschubgetriebe wird durch voneinander abhängige Vorschubspindeln in Unter- und Zwischenschlitten verwirklicht. Die Sinusschwingungen senkrecht zur Schubrichtung werden überlagert, indem bei Längsbewegung des Zwischenschlittens über ein Wälzband die Kurbelschleife gedreht wird, die ihrerseits den Oberschlitten bewegt.

Zu Abb. 133: Bei Antrieb des Rundtisches entfernt sich durch die Wälzbandanordnung der Obertisch vom Werkzeug, dieses beschreibt mit seinem Mittelpunkt die Grundspirale. Bei dieser Bewegung wird gleichzeitig mittels eines zweiten Wälzbandes die Kurbelschleife gedreht, die sich gestellfest abstützt, so daß der Unterschlitten die Sinusbewegung ausführt.

Zu Abb. 134: Da hier die Sinusbewegungen senkrecht zur geneigten Geraden erfolgen, muß der Oberschlitten um den entsprechenden Winkel geschwenkt werden.

Zu Abb. 135: Auch hier wird der Oberschlitten um den entsprechenden Winkel geschwenkt.

Es stehen demnach für die verschiedensten Zwecke eine Auswahl von sinoidischen Kurven zur Verfügung. Die Herstellung dieser Kurven von Hand, um sie als Bezugskurven für nachformende Werkzeugmaschinen zu benutzen, hat keinen befriedigenden Erfolg. Wir glauben, mit den vorangegangenen Beispielen den Weg gewiesen zu haben, wie man sinoidische Kurven – auch im vergrößerten Maßstab – erzeugen kann, um sie danach nachzuformen (97).

Der Vollständigkeit wegen muß noch erwähnt werden, daß selbstverständlich auch mit der Geradschubkurbel Sinoiden erzeugt werden

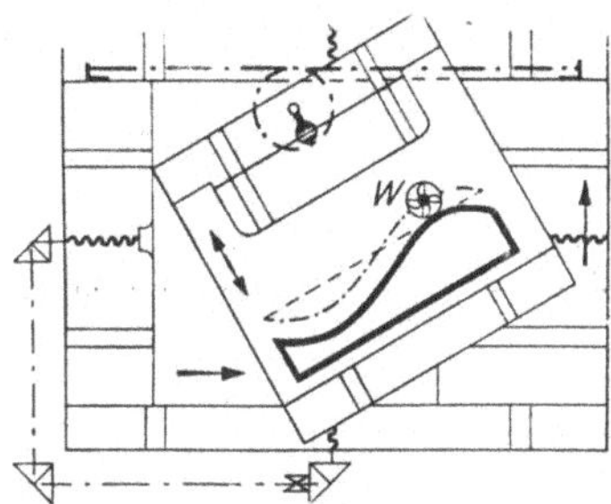

Abb. 134.
Fräsvorrichtung für geneigte Geradschubsinoide nach ALT (13) oder WILDT (111).

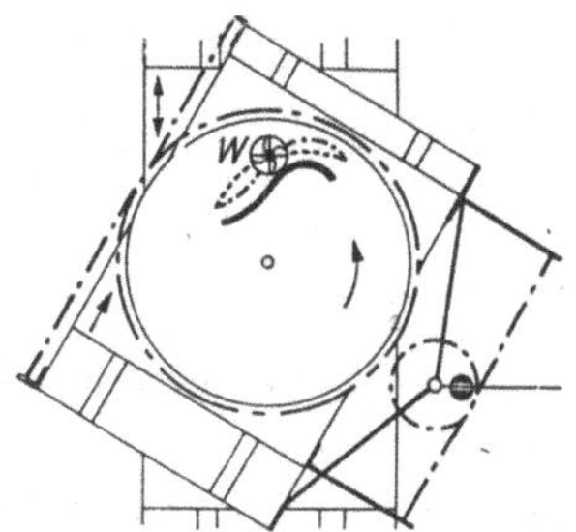

Abb. 135.
Fräsvorrichtung für geneigte Polarsinoide nach ALT (13) oder WILDT (111).

können, die jedoch nicht reine Sinuslinien, sondern infolge von Fehlergliedern etwas verzerrt sind. Man kann mit der Geradschubkurbel einfache Ovaldrehbänke betreiben (122). Auch die bekannten Sägeblattschleifmaschinen (162) arbeiten mit einer Geradschubkurbel, jedoch wird die spitze Zahnform durch einen intermittierenden Antrieb des Sägeblattes erreicht.

331.5. Erzeugung von Koppelkurven.

Koppelgetriebe sind mehrgliederige Getriebeketten, die in ihrem grundsätzlichen Aufbau ein Standglied, Kurbel- und Koppelglieder besitzen. Bei Bewegung der Kurbelglieder beschreiben sämtliche Punkte einer mit einem Koppelglied verbundenen Ebene auf der feststehenden Ebene Koppelkurven.

Von der großen Zahl möglicher mehrgliedriger Koppelgetriebe seien hier nur die bekanntesten erwähnt.

Kurbelschwinge: Eine Kurbel läuft um, die andere längere Kurbel schwingt. Wenn beide Kurbeln umlaufen, nennt man das Getriebe Doppelkurbel, wenn beide Kurbeln schwingen, Doppelschwinge.

Umlaufende Geradschubkurbel: Eine Kurbel läuft um, das Gleitgelenk gleitet in gestellfester Geradführung.

Schwingende Kurbelschleife: Eine Kurbel läuft um, das Koppelglied schwingt durch ein gestellfestes Gleitgelenk.

Die Formen der Koppelkurven sind je nach der Getriebeausbildung oval, gestreckt, achtförmig, brotförmig, gespitzt

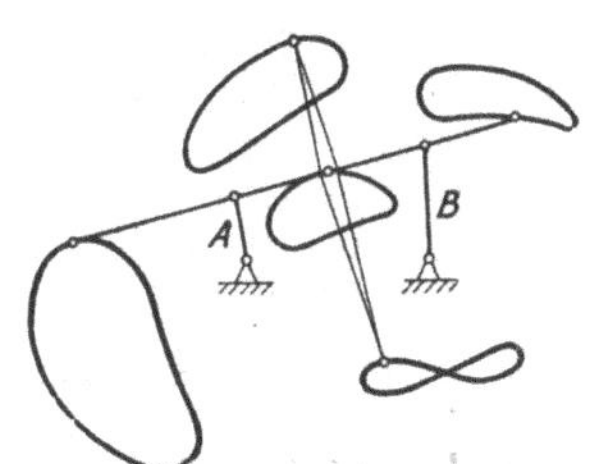

Abb. 136. Kurbelschwinge.

oder nähern sich auf Kurvenabschnitten einer Geraden oder einem Kreisbogen. Ihre mathematische Erfassung ist zum Teil recht schwierig (16). Man kann sich durch punktweise zeichnerische Ermittlung

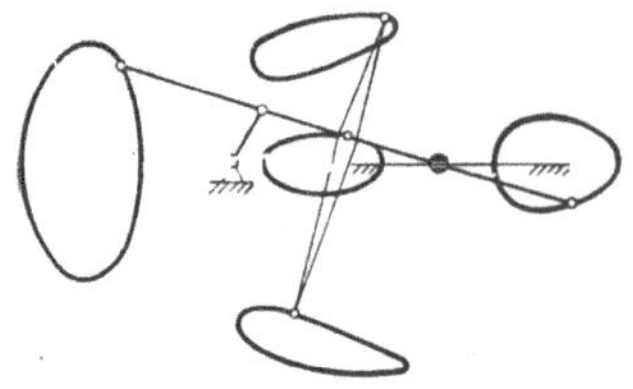

Abb. 137. Umlaufende Geradschubkurbel.

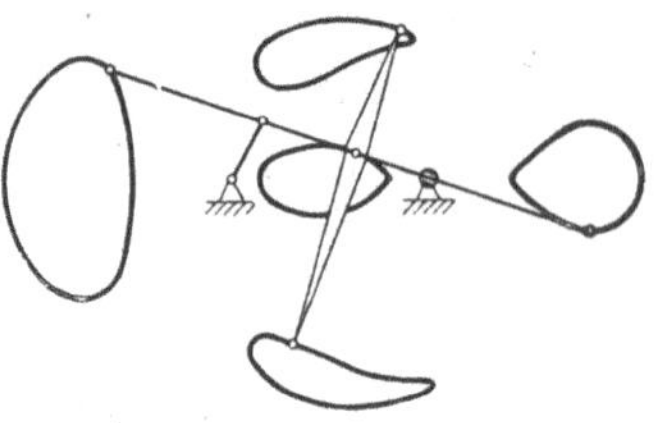

Abb. 138. Schwingende Kurbelschleife.

einen Überblick über den Verlauf der Kurven verschaffen (13). In den meisten Fällen wird aber die Aufgabe vorliegen, für eine vorgelegte Kurve ein geeignetes Koppelgetriebe zu finden. Es sind verschiedene Verfahren bekannt (17), die von fünf und noch mehr vorgegebenen Punkten aus die Abmessungen eines Koppelgetriebes ermitteln.

Die Koppelkurven werden entweder in ihrem ganzen Verlauf, häufiger jedoch abschnittweise als Flächenbildungskurven herangezogen, indem das Werkzeug auf einem Punkt der Koppelebene geführt wird.

Beispiele für Erzeugung von Koppelkurven.

Zu Abb. 139: Diesen Maschinen liegt eine umlaufende Geradschubkurbel zugrunde. Der Hub der Antriebskurbel, die Länge des Koppelgliedes, die Exzentrizität der Schleifgeraden und der Fräsermittelpunkt sind in bestimmten Grenzen einstellbar. Durch einen schwenkbaren Aufspanntisch können beliebige Kurvenabschnitte ausgenutzt werden. Die Einstellung erfolgt an Hand eines für die Maschine aufgestellten Schaubildes oder nach der Maßsynthese. Die Maschinen werden vor allem im Holzmodellbau eingesetzt

Zu Abb. 140: Der umlaufende Geradschubkurbeltrieb ist geschränkt, d. h., die Geradführung geht nicht durch den Kurbelmittelpunkt. Bei Verschiebung des Längs-

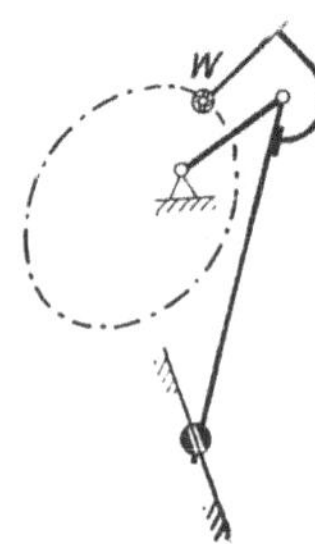

Abb. 139. Koppelkurvenfräsmaschine (40, 224, 229).

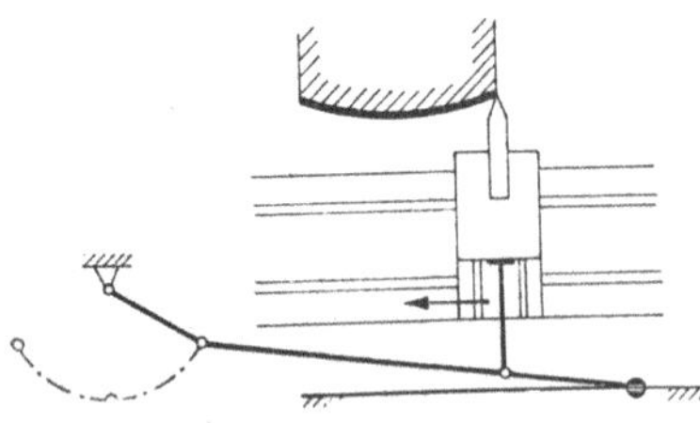

Abb. 140. Balligdreheinrichtung an Revolverdrehbank (222).

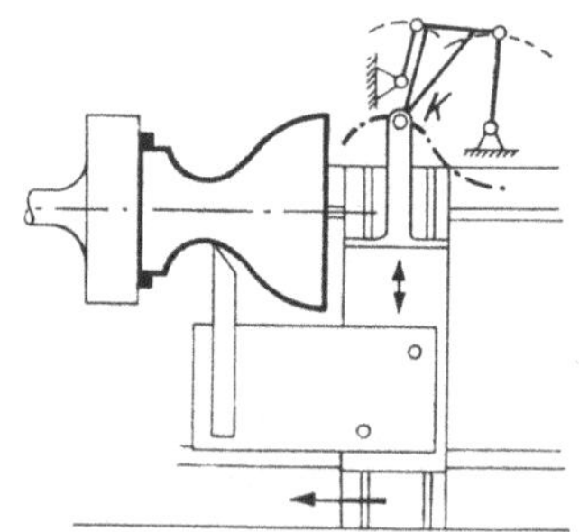

Abb. 141. Formdrehen mit Hilfe eines Kurbeltriebes (91).

schlittens wird der an einem Punkt der Koppel angelenkte Querschlitten mit dem Werkzeug auf einem Koppelkurvenabschnitt geführt, der einem Kreisbogen angenähert ist. Diese Einrichtung kann zum Balligdrehen von Riemenscheiben benutzt werden.

Zu Abb. 141: Die Kurbelschwinge ist gestellfest. Dem Koppelpunkt ist der Oberschieber angelenkt. Bei Längsvorschub erzeugt das Werkzeug die parallel verschobene Bahn des Punktes K am Werkstück.

332. Erzeugung von Raumkurven.

Die mit ebenen Getrieben in einer Ebene erzeugbaren Kurven sind sinngemäß auch auf Zylinder- oder Kegelmänteln zu erzeugen. Diese Raumkurven haben zum Teil in der Fertigung besondere Bedeutung gewonnen.

Daneben sind jedoch auch noch weitere Getriebe, etwa sphärische Getriebe, denkbar, die jedoch bisher nicht für unsere Zwecke benutzt werden.

332.1. Erzeugung von Zylinder- und Kegelschraubenlinien.

Eine in der Ebene erzeugte geneigte Gerade ergibt, wenn man die Ebene auf einem Zylinder- oder Kegelmantel aufwickelt, eine Schraubenlinie. Schraubenlinien können demnach erzeugt werden, wenn man die Getriebe für die Erzeugung der geneigten Gerade so erweitert, daß eine der Kreuzschlittenbewegungen mittels Wälzband oder Zahnstange in eine Drehbewegung umgesetzt wird.

Beispiele für Erzeugung von Schraubenlinien.

Zum Schleifen von schraubenlinienförmigen Spiralnuten, an Bohrern, Fräsern und Senkern wird das auf dem hin und her gehenden Schlitten befestigte Werkstück bei gestellfestem Werkzeug durch Wälzbandanordnung oder Zahnstangen und Kegelradübersetzung gedreht.

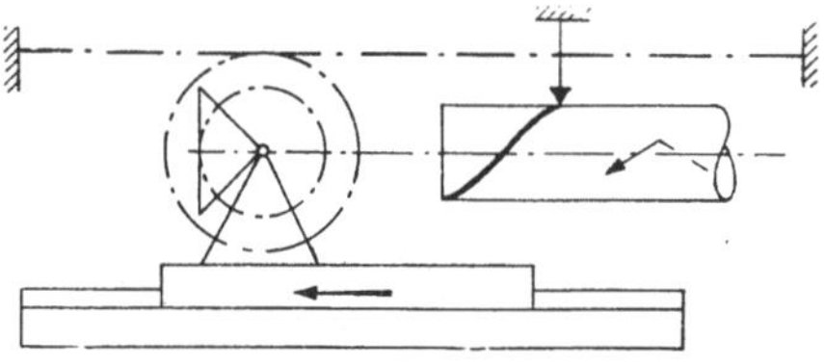

Abb. 142. Schleifen von Spiralnuten (132).

332.2. Erzeugung von Kreisbögen auf Zylinder- und Kegelmänteln.

Kreisbögen, die in Ebenen erzeugt und auf einen Kreiszylinder- oder Kreiskegelmantel übertragen werden, besitzen in der Geometrie keine besonderen Benennungen. Praktisch werden solche Kurven bei der Kreisbogenverzahnung von Kegelrädern nach dem bekannten GLEASON-Verfahren mit Messerkopf verwendet (152). Der Kreisbogen wird von einem Messerkopf mit auf einem Kreis angeordneten geradflankigen Stählen erzeugt. Die Messer können gleichzeitig beide Flanken oder abwechselnd schneiden. Kegelmantel und Ebene des Werkzeugs (Planrad) führen gegeneinander eine Wälzbewegung aus. Die geradflankigen

Messer erzeugen dadurch Zähne mit evolventischem Profil. Nach Schneiden einer Lücke wird der Messerkopf außer Eingriff und nach Teilung wieder in die Anfangslage gebracht.

332.3. Erzeugung von Zylinder- und Kegelzykloiden.

Ebene Zykloiden, die auf Zylinder- oder Kegelmäntel übertragen sind, werden Zylinder- oder Kegelzykloiden genannt. Sie werden mit den bekannten ebenen Zykloidengetrieben erzeugt und durch ein zusätzliches Getriebe von der Ebene auf den Zylinder- oder Kegelmantel übertragen. Auch hier finden wir die bekanntesten Anwendungen bei Zahnrädern mit nicht geraden Zähnen.

Beispiele für Erzeugung von Zylinder- und Kegelzykloiden.

Zu Abb. 143: Die erzeugte Leitkurve ist eine verlängerte gemeine Zykloide, die durch eine geradlinige Kante K eines Werkzeugs erzeugt wird, das auf einem Messerkopf sitzt, der seinerseits mit seinem kleineren Rollkreis auf einer Geraden abrollt.

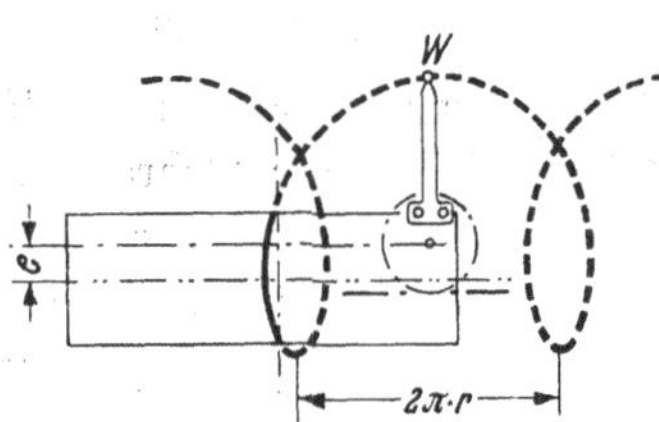

Abb. 143. Bogenverzahnung von Stirnrädern nach FORSTER (108, 109, 151).

Anstatt dem Werkzeug außer der kreisenden Schnittbewegung noch diese abrollende Vorschubbewegung zu erteilen, läßt man bei fester Werkzeugachse den Zylindermantel unter dem kreisenden Werkzeug abrollen, indem man durch ein Getriebe die Werkradumdrehung der Werkzeugumdrehung entsprechend der gewünschten Zähnezahl zuordnet.

Es wird jeweils nur ein willkürlich gewählter Zykloidenabschnitt benutzt, die Flankenlinien sind deshalb, wenn man auch die Bogensehne parallel zur Radachse wählt und dementsprechend die Werkzeugmitte gegen die Mitte der Radbreite um e versetzt, unsymmetrisch; es tritt ein geringer Axialschub auf[1]).

Da sich das Werkrad kontinuierlich weiterdreht, tritt die Werkzeugkante erst nach Überspringen mehrerer Zähne wieder in das Werkrad ein. Man bringt deshalb zwei oder drei Werkzeuge auf dem Messerkopf an.

Um gleiche Räder paaren zu können und zur Vermeidung des Klemmens ist die hohle Flanke jeweils das Spiegelbild der gewölbten, die Zahndicke ist dadurch verschieden stark. Die hohlen Flanken werden mit einem zweiten Werkzeug erzeugt, das um 180° versetzt angreift und nach der anderen Seite um e versetzt ist. Man gibt weiterhin zur Vermeidung der Kantenpressung dem Werkzeug für die gewölbte Flanke einen kleineren Radius und erzielt dadurch stärker gekrümmte Flanken als die hohlen.

Das evolventische Profil einer Flanke wird durch langsames Einwälzen der parallel zur Messerkopfachse stehenden Werkzeugkanten bis zur Radmitte erzeugt. Die Vorschubgeschwindigkeiten sind dabei für oberen und unteren Messerkopf unterschiedlich. Durch Phasenverschiebung beider Messerköpfe hat man die Möglichkeit, die Zahndicke zu beeinflussen.

Man kann jedem Schlichtmesser ein oder mehrere Schruppmesser vorschalten, die auf entsprechend kleinerem Radius sitzen.

---

[1]) Der Axialschub ist zu vermeiden, wenn die Bogensehne nicht parallel zur Achse gewählt wird.

Zu Abb. 144: Die erzeugte Leitkurve ist eine verlängerte Kegelepizykloide.

Das erzeugende Werkzeug sitzt auf einem Messerkopf, dessen Achse festliegt. Der Kegelmantel wird unter dem sich drehenden Werkzeug fortlaufend abgerollt wie ein Planrad. Messerkopf- und Werkstückgeschwindigkeit sind durch ein Getriebe einander zugeordnet, das Verfahren arbeitet pausenlos. Das Messer ist trapezförmig

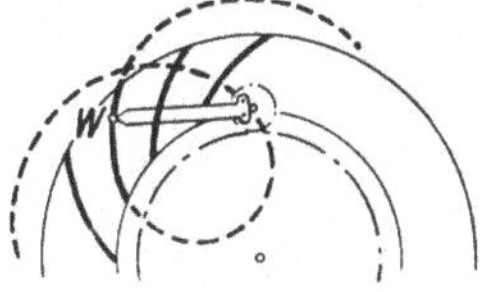

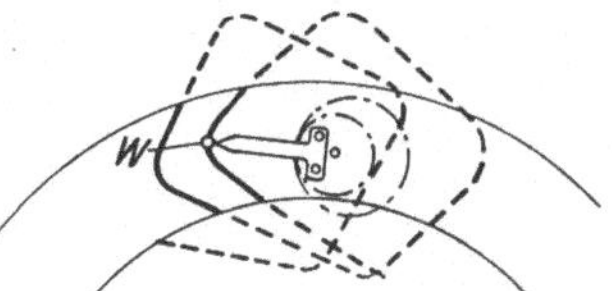

Abb. 144. Bogenverzahnung von Kegelrädern (212).

Abb. 145. Pfeilverzahnung nach BÖTTCHER-REINECKER (220).

ausgebildet und erzeugt bei zusätzlicher Abwälzbewegung im Werkrad eine Lücke mit evolventischen Flanken. Auch hier werden dem Schlichtmesser mehrere Schruppmesser vorausgeschickt. Die Messergruppen (2 bis 4 Messer) sitzen auf archimedischen Spiralen. Werden mehrere Messergruppen auf einem Kopf angeordnet, kann jede Lücke ohne Überspringen fortlaufend bearbeitet werden. Ebenso kann auch jede Lücke nacheinander bearbeitet werden, wenn nur eine Messergruppe von 18 bis 24 Messern auf einer archimedischen Spirale angeordnet sind (146).

Zu Abb. 145: Pfeilartige Zähne auf Kegelrädern werden im fortlaufenden Verfahren als verlängerte Hypozykloide (Astroide) erzeugt. Der Messerkopf beschreibt Planetenbewegungen, denen ein Verhältnis von Grund- zu Rollkreis = 4:3 zugrunde liegt. Ordnet man das erzeugende Werkzeug außerhalb des Rollkreises an, entsteht eine Astroide, die einem Viereck mit abgerundeten Ecken nahekommt. Bei gestellfester Lage des Grundkreises werden auf dem unter dem Werkzeug abrollenden Kegelmantel (Planrad) jeweils Stücke dieser Astroide eingeschnitten, die eine pfeilähnliche Flankenlinie ergeben, die infolge der fortlaufenden Drehbewegung des Werkstückes aber nicht symmetrisch ist. Da ein Werkzeug jeweils mehrere Zähne überspringt, läßt man gleichzeitig drei jeweils um 120° gegeneinander versetzte Werkzeuge arbeiten. Die Wälzbewegungen des evolventischen Zahnprofils werden zusätzlich aufgebracht.

Schließlich gehört zu dieser Gruppe noch das Verfahren zur Erzeugung von evolventenartig gekrümmten Zahnflanken an Kegelrädern, für die die Herstellerfirma die Benennung „Palloide" gewählt hat (173). Statt eines Schneidzahnes wird hierbei ein Schraubwälzfräser mit evolventisch gekrümmter Mantellinie benutzt, der seinerseits während des Arbeitsganges langsam um die Kegelspitze des Werkrades vorgeschoben und gleichzeitig abgewälzt wird.

332.4. Erzeugung von Zylinder- und Kegelsinoiden.

Mit den Getrieben zur Erzeugung ebener Sinoiden sind auch Zylindersinoiden zu erzeugen, wenn man die Winkelgeschwindigkeiten von Kurbel und Werkstück in einem bestimmten Verhältnis einander zuordnet. Außer der Kreuzschleifenkurbel wird auch vielfach die Geradschubkurbel benutzt, so z. B. zur Erzeugung von Schmiernuten in Lagern oder auf Wellen (138).

Kegelsinoiden finden Anwendung bei Kegelradverzahnungen.

Beispiel für Erzeugung von Kegelsinoiden.

Die geschränkte Geradschubkurbel erzeugt entsprechend dem Verhältnis der Winkelgeschwindigkeiten von Kurbel und Werkstückträger verschobene Polarsinoiden, da die Schubgerade nicht durch den Drehpunkt des Werkstückträgers geht. Mit Hilfe eine Exzenters wird der antreibenden Schnecke außerdem zweimal bei einem Kurbelwinkel von 360° eine in der Größe einstellbare axiale Hin- und Herbewegung erteilt, so daß sie als Zahnstange wirkt. Durch diese periodische Beschleunigung und Verzögerung des sich konstant drehenden Werkstückträgers beschreibt das Werkzeug eine sinoidische Kurve, die der ursprünglich verschobenen Polarsinoide überlagert ist. Die erzeugte Kurve wird deshalb verschobene höhere Polarsinoide genannt. Die Ebene des Polarkoordinatensystems (Planrad) kann nun auf einen Kreiskegelmantel gewickelt werden, die verschobene höhere Polarsinoide wird damit zur verschobenen höheren Kegelsinoide. Praktisch wird sie beim Verzahnen von Kegelrädern nach einem GLEASON-Verfahren verwandt. Bei dieser Verzahnung wird lediglich der mittlere Teil eines Hinganges verwertet, beim Rückgang wird das Werkzeug außer Eingriff gebracht, während sich das Werkstück unter Überspringen mehrerer Lücken weiterdreht.

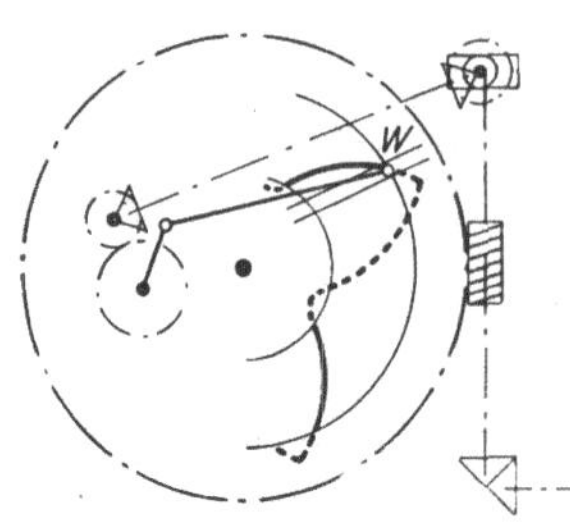

Abb. 146. Bogenverzahnung großer Kegelräder (153).

4. Die Zuordnung von durch Abspanen herstellbaren Flächen und Abspanverfahren.

Nachdem wir die durch Abspanen herstellbaren Flächen einerseits und die Abspanverfahren andererseits nach geometrischen Gesichtspunkten geordnet haben, ist eine gegenseitige Zuordnung von Flächen und Abspanverfahren möglich.

Für die Zuordnung von Flächen und Nachformverfahren gelten folgende Zuordnungsgesichtspunkte:

Den Flächenbildungskurven der geometrischen Flächenordnung entsprechen die in nachformenden Werkzeugmaschinen sowie Werkzeugen vorhandenen oder eingelegten Bezugskurven.

Der Leitkurve entspricht dabei die Hauptbewegung, die als Relativbewegung zwischen Werkzeug und Werkstück das Abspanen bewirkt.

Hauptbewegung in diesem Sinne ist beim Hobeln, Stoßen, Drehen und Räumen die Schnittbewegung, beim Rundschleifen die Werkstückdrehung und beim Fräsen, Flächenschleifen und Bohren die Hauptvorschubbewegung. Der Zweiteilung in Kurven, die im Parallel- oder Polar- bzw. Zylinderkoordinatensystem betrachtet werden, entsprechen:

Leitkurve im Parallel-K.-S.   = lineare Hauptbewegung,
Leitkurve im Polar-K.-S.   = polare Hauptbewegung,
Leitkurve im Zylinder-K.-S.   = schraubenlinige Hauptbewegung.

Der Erzeugenden entsprechen entweder die feste Werkzeugschneide, wie beim Formdrehen, Formhobeln, Formfräsen und Formschleifen, der Flugkreis der Werkzeugspitze beim Bohren oder die Bahn der resultierenden Vorschubbewegungen, auf der punkt- bzw. kreisförmige Werkzeuge geführt werden.

Auch hier entsprechen:

Erzeugende im Parallel-K.-S. = lineare Vorschubbewegung,
Erzeugende im Polar-K.-S.   = polare Vorschubbewegung.

Dem Führungsgesetz entspricht der Aufbau des Werkzeugmaschinengestells, das die Hauptbewegungen in Richtung der Leitkurve und die festen Werkzeugschneiden bzw. die Vorschubbewegungen in der geforderten Lage zueinander hält.

Leitkurve und Erzeugende können jeweils nach einem der im Abschnitt 32 für *eine* Flächenbildungskurve entwickelten Abbildungsgesetze nachgeformt werden, so daß jede Fläche des Ordnungsschemas (Tafel I hinter Seite 10) durch beliebige Paarung der verschiedenen Abbildungsfälle und ihrer Kombinationen zustande kommen kann. Die nur für bestimmte Kurvenarten gültigen Abbildungsgesetze sind jedoch nur bei diesen sinngemäß anwendbar. Bei der Behandlung dieser Abbildungsgesetze ist bereits hierauf hingewiesen worden.

Es wäre unnötig, die Kombinationsmöglichkeiten weiter an Beispielen zu zeigen. Für die im Abschnitt 2 herausgestellten 5 Flächengruppen kann jedoch allgemein folgende Zuordnung von Nachformverfahren getroffen werden:

Nachformverfahren für regelmäßige Flächen.

Nachformverfahren für regelmäßige Flächen sind das Drehen, Bohren, Fräsen, Hobeln, Stoßen, Rund- und Flächenschleifen, Sägen, Räumen und Messern auf üblichen Werkzeugmaschinen mit geradlinigen und kreisförmigen Haupt- und Vorschubbewegungen.

Nachformverfahren für unregelmäßige Flächen 1. Schwierigkeitsgrades.

Nachformverfahren für unregelmäßige Flächen 1. Schwierigkeitsgrades sind das Drehen, Fräsen, Hobeln, Rund- und Flächenschleifen und Räumen auf üblichen Werkzeugmaschinen mit Formwerkzeugen oder mit Nachformeinrichtungen für *eine* Flächenbildungskurve.

Besonders für diesen Zweck eingerichtete Maschinen sind:

Nachformdrehbänke oder Drehbänke mit Nachformdreheinrichtungen (123, 124, 147, 148, 155, 157, 159, 160, 163, 165, 168, 186, 213, 223, 241).

Unrund- und Nockendrehbänke (170, 171, 175, 183).

Unrund- und Nockenschleifmaschinen (149, 190, 191, 200, 201, 202, 231, 232).

Spitzen- und spitzenlose Schleifmaschinen mit profilierten Schleifscheiben.

Nachformschleifmaschinen für Drehflächen (199, 235).

Nachformschleifmaschinen für allgemeine Zylinderflächen (150, 226).

Nachformhobelmaschinen (126, 156, 236).

Nachformstoßmaschinen.

Nachformfräsmaschinen für allgemeine Zylinderflächen (140, 141, 142, 161, 177, 178, 181, 195, 215, 225, 237).

Nachformverfahren für unregelmäßige Flächen 2. Schwierigkeitsgrades.

Das Nachformen von Umrißflächen wird ermöglicht durch Unrunddrehbänke, Unrundschleifmaschinen und Nachformfräs- und Schleifmaschinen der vorigen Gruppe unter zusätzlicher Verwendung von Formwerkzeugen.

Nachformverfahren für unregelmäßige Flächen 3. Schwierigkeitsgrades.

Für das Nachformen von Flächen mit sich ähnlich ändernder Erzeugenden kommen in Frage Nachformhobelmaschinen (158, 219, 239) und Nachformfräsmaschinen (127, 172).

Nachformverfahren für unregelmäßige Flächen höheren Schwierigkeitsgrades

Das Nachformen der „Wilden Flächen" erfolgt in der Weise, daß entsprechend der Leitkurve die Fläche in parallelen Bahnen oder Zylinderschnitten abgetastet wird. Es können dabei folgende Unterscheidungen getroffen werden:

a) Zeilenweises Abtasten bei geradlinigem Hauptvorschub und Verschiebung von Zeile zu Zeile.

Werkzeugmaschinen: Nachformfräsmaschinen für Gesenke (128, 129, 164, 167, 193, 198a, 210, 225).

b) Abtasten in Achsschnitten mit Rundvorschub von Schnitt zu Schnitt.

c) Abtasten in Schnitten senkrecht zur Drehachse (spiraliges Abtasten).

Werkzeugmaschinen: Nachformfräsmaschinen für längliche Körper und Blockdrehbänke (145, 169, 234).

d) Abtasten in Zylinderschnitten mit radial gerichtetem Vorschub.

Werkzeugmaschinen: Nachformfräsmaschinen und Nachformdrehbänke (144, 233, 242).

e) Abtasten in beliebigen Raumkurven.

Werkzeugmaschinen: Handbetätigte Nachformfräsmaschinen für Gesenke (134, 135, 136, 166, 198, 205, 207).

Die Zuordnung der Erzeugungsverfahren erfolgt nach den gleichen Gesichtspunkten wie die der Nachformverfahren, jedoch mit der Einschränkung, daß die Leitkurve oder Erzeugende oder auch beide geometrisch als Bahnkurve von Getriebepunkten „erzeugt" werden. Da die Erzeugungsverfahren nicht so vielseitig wie die Nachformverfahren anwendbar sind und auch erst am Anfang ihrer Entwicklung stehen, können nur einige Zuordnungsbeispiele gefunden werden.

Erzeugungsverfahren für unregelmäßige Flächen 1. Schwierigkeitsgrades.

Als erzeugende Werkzeugmaschinen sind bekannt:
Drehbänke mit durch Koppelgetriebe geführten Werkzeugen (90, 91, 222).
Unrunddrehbänke (115, 121).
Schmiernutenziehmaschine (138).
Unrundschleifmaschinen (180).
Koppelkurvenfräsmaschinen (224, 229).
Ferner die nach dem Wälzverfahren arbeitenden Verzahnmaschinen für Stirnräder.

Erzeugungsverfahren für unregelmäßige Flächen 2. Schwierigkeitsgrades.

Diese Umrißflächen können erzeugt werden, wenn die Maschinen der vorhergehenden Gruppe zusätzlich mit Formwerkzeugen arbeiten.

Erzeugungsverfahren für unregelmäßige Flächen 3. Schwierigkeitsgrades.

Diese Flächen auf zylindrischen oder kegeligen Grundkörpern werden mit Fräs- oder Hobelmaschinen für Stirn- oder Kegelräder mit nicht geraden Zähnen erzeugt (151, 152, 153, 173, 146, 212).

Durch sinngemäße Zuordnung von Flächen und Verfahren können sowohl die grundsätzlichen Bedingungen für noch fehlende Verfahren wie auch die mit einem bestimmten Verfahren herstellbaren Flächen ermittelt werden.

5. Zusammenfassung.

Es werden zunächst die geometrischen Beziehungen zwischen den Abspanverfahren und den durch Abspanen an Werkstücken herstellbaren Flächen gesucht, wobei die „unregelmäßigen" Flächen und ihre Herstellverfahren besonders zu berücksichtigen sind. Um Flächen und Verfahren einander zuordnen zu können, werden beide nach geometrischen Gesetzen geordnet.

Der Flächenordnung wird der Schnittvorgang mit einem Werkzeug zugrunde gelegt, die Fläche selbst auf die zu ihrer Bildung erforderlichen geometrischen Elemente:

Leitkurve, Erzeugende, Führungsgesetz

zurückgeführt und diese Elemente unter Einbeziehung von Gesichtspunkten der Verfahrensordnung abgewandelt. In dieses, nur dem vorliegenden Zweck dienende Ordnungsschema wird die in der Werkstatt gebräuchliche und zutreffende Unterscheidung „regelmäßige — unregelmäßige" Fläche eingeführt, jedoch geometrisch abgegrenzt und für das Gebiet der unregelmäßigen Flächen nach Schwierigkeitsgraden abgestuft.

Die Möglichkeit, Flächenbildungskurven entweder durch bildliche bzw. körperliche Darstellungen oder durch ihre mathematischen Bedingungen auszudrücken, führt zur Unterscheidung von drei Hauptgruppen von Verfahren:

Das *Freiformverfahren*, das mit freien Werkzeugbewegungen arbeitet, hat keinen mechanischen Zusammenhang und damit keine mathematisch zu erfassende Beziehung zur Darstellung. Es wird deshalb von der weiteren Betrachtung ausgeschlossen.

Das *Nachformverfahren* benutzt die Kurvendarstellung als Bezugskurve, die unter Beachtung von Abbildungsgesetzen auf das Werkstück übertragen wird.

Das geometrische *Erzeugungsverfahren* verwirklicht mathematisch erfaßbare Bedingungen als Bahnkurven von Getriebepunkten aus sich heraus, ohne sich auf eine Darstellung zu beziehen.

Für das Nachformverfahren werden Gruppen gebildet, die auf geometrischen Abbildungsgesetzen und ihren Kombinationen beruhen. Von diesen sind für die Fertigung besonders wichtig die Abbildungen durch Projektionen, durch affine Transformationen, durch Sinnumkehr und durch Begleitkurven. Die Verwirklichung der geometrischen Verhältnisse durch unmittelbare oder gesteuerte Betätigung der Übertragungsmittel wird in einem knappen Überblick gezeigt.

Die geometrischen Erzeugungsverfahren, die zum Teil erst am Beginn ihrer Entwicklung stehen, werden in Kurvengruppen geordnet, die durch gleiche oder verwandte kinematische Mittel zu verwirklichen sind. Es wird als Vorteil der Erzeugungsverfahren den Nachformverfahren gegenüber die größere Genauigkeit und Wirtschaftlichkeit herausgestellt, andererseits als Nachteil auf die Beschränkung auf „erzeugungsfähige" Kurven verwiesen.

Durch die gemeinsame geometrische Begründung sind Flächen und Verfahren einander zuzuordnen, so daß sich einerseits für eine geforderte, auf Flächenbildungskurven zurückgeführte und in das Schema eingeordnete Fläche die Bedingungen für die zu ihrer Herstellung zur Verfügung stehenden Verfahren ergeben und andererseits die mit einem bestimmten Verfahren herstellbaren Flächen angeben lassen.

Die derzeitig bekannten Verfahren zur Herstellung unregelmäßiger Flächen sind hinsichtlich ihrer geometrischen Verhältnisse untersucht und als Beispiele den Verfahren beigegeben, wodurch der Beweis für die Anwendbarkeit der Ordnung gebracht wird.

Anhang.

6. Schrifttumverzeichnis.

61. Bücher.

(1) BLASCHKE: Differentialgeometrie, Bd. I. Leipzig 1945, S. 141, 142, 145.
(2) BUCKINGHAM-OLAH: Stirnräder mit geraden Zähnen. Berlin 1932, S. 17–19.
(3) DÜRR und WACHTER: Hydraulische Antriebe und Druckmittelsteuerungen an Werkzeugmaschinen. München: Hanser 1949.
(4) DUSCHEK-MAIER: Differentialgeometrie. Leipzig 1930, S. 72, 212, 219.
(5) GEMPE, E.: Elemente des Vorrichtungsbaus. Berlin 1927, S. 79.
(6) GRAF, U.: Darstellende Geometrie. Leipzig 1941, S. 47.
(7) GRENDA, H.: Das Berechnen von Kurven für Langdrehautomaten. Berlin 1942.
(8) JAHR-KNECHTEL: Grundzüge der Getriebelehre, Bd. 1. Leipzig 1943, S. 156 ff.
(9) KIENZLE, O.: Vorlesungen über Fertigungslehre. (1945), unveröffentlicht.
(10) KRUMME, W.: Praktische Verzahnungstechnik. München 1944, S. 106, 110, 102.
(11) LICH, O.: Vorrichtungen im Maschinenbau. Berlin 1927, S. 309, 109, 312.
(12) MANGOLDT-KNOPP: Einführung in die höhere Mathematik, Bd. 1. Berlin 1944, S. 431 ff.
(13) RAUH, E.: Praktische Getriebelehre, Bd. 2. Berlin 1939, S. 10, 35, 45, 61.
(14) SCHMID-OLK: Fühlergesteuerte Maschinen. Essen 1939, S. 140, 142.
(15) SPANNAGEL, F.: Das Drechslerwerk. Ravensburg 1940, S. 126.

62. Aufsätze.

(16) MÜLLER, R.: Über die Gestaltung der Koppelkurven für besondere Fälle des Kurbelgetriebes. Math. u. Phys. Bd. 36 (1891) S. 11.
(17) ALT: Über die Erzeugung gegebener ebener Kurven mit Hilfe des Gelenkvierecks. Angew. Math. u. Mech. Bd. 3 (1923) S. 13.
(18) KARPINSKI: Formscheibenstähle. Werkstattstechnik, Bd. 19 (1925) S. 689.
(19) OEHLER: Abweichung der Strählerschneidenform vom zu erzeugenden Profil. Die Werkzeugmasch. Bd. 34 (1930) S. 238–240.
(20) Schleifen von Innenkugelflächen. Werkstattstechnik Bd. 25 (1931) S. 469.
(21) Kopierfräsvorrichtung mit auswechselbarer Kopierwalze. Werkstattstechnik Bd. 25 (1931) S. 39.
(22) ALT: Der Übertragungswinkel und seine Bedeutung für das Konstruieren periodischer Getriebe. Werkstattstechnik, Bd. 26 (1932) S. 61.
(23) SCHLIPPE: Ein orginelles, neues Verfahren zur Herstellung von Werkzeugen unregelmäßiger Form. Werkzeug Bd. 10 (1932) S. 1–4.
(24) VAN STEEVEN: Eine neue optische Profilschleifmaschine. Feinmech. u. Präz. Bd. 40 (1932) S. 135.
(25) Sonderschleifmaschine für Nocken. Werkzeugmaschine Bd. 36 (1932) S. 40–41.
(26) Schabewerkzeug für Kugeln. Werkstattstechnik Bd. 26 (1932) S. 168.

(27) Lich: Erweiterung des Arbeitsfeldes für Hobelmaschinen. Werkzeugmaschine Bd. 37 (1933) S. 233–235.

(28) Herstellen von Kurven und unregelmäßigen Formen auf der Hinterdrehbank. Werkstattstechnik Bd. 27 (1933) S. 206.

(29) Walle: Neuerungen an Walzenschleifmaschinen. Werkstattstechnik Bd. 28 (1934) S. 223.

(30) Vorrichtungen zum Kurvenfräsen. Masch.-Bau Betrieb Bd. 13 (1934) S. 371.

(31) Finkelnburg: Der Ruck. R. M.-Arch. f. Getriebetechnik Bd. 3 (1935) S. 520.

(32) Königer: Kegelräder mit nicht geraden Zähnen. Werkstattstechnik Bd. 29 (1935) S. 173.

(33) Kronenberg: Untersuchung einer Gewinde- und Formschälmaschine. Werkzeugmaschine Bd. 39 (1935) S. 151.

(34) Zahnradhobelmaschine. Werkstattstechnik Bd. 29 (1935) S. 25.

(35) Ovalschleifmaschine. Werkzeugmaschine Bd. 39 (1935) S. 49.

(36) Ovales Schleifen von Kolben. Werkzeugmaschine Bd. 39 (1935) S. 348.

(37) Balligschleifeinrichtung bei Walzenschleifmaschinen. Werkzeugmaschine Bd. 39 (1935) S. 190.

(38) Blankenstein: Der Stand der deutschen Holzbearbeitungsindustrie. Werkstattstchnik Bd. 30 (1936) S. 329.

(39) Ingham: Gerät zum Aufzeichnen von Evolventenzahnprofilen. Werkzeugmaschine Bd. 40 (1936) S. 331.

(40) Lichtenheldt: Die Koppelkurvenfräsmaschine. Werkstattstechnik Bd. 30 (1936) S. 266.

(41) Niessen: Einrichtung zum Drehen von Brennstoffnocken aus Rundstangen. Werkstattstechnik Bd. 30 (1936) S. 291.

(42) Plagens: Herstellung und Prüfung genauer balliger Walzen. Werkstattstechnik Bd. 30 (1936) S. 458.

(43) Zwick: Graviermaschinen. Feinmech. u. Präz. Bd. 44 (1936) S. 119, 173.

(44) Nockendreheinrichtung. Werkstattstechnik Bd. 30 (1936) S. 440.

(45) Wilhelmi: Profilverzerrung an Formfräsern. Masch.-Bau Betrieb Bd. 16 (1937) S. 555.

(46) Gerät zur Ermittlung der Profilverzerrung an Formfräsern mit hinterschliffenen Zähnen. Z. VDI Bd. 81 (1937) S. 137.

(47) Huth: Kopierfräsmaschine mit elektrischer Fühlersteuerung. Werkst. u. Betr. Bd. 71 (1938) S. 123.

(48) Lich: Schablonen-Fräsmaschine. Werkst. u. Betr. Bd. 71 (1938) S. 212.

(49) Maurer: Die Ultra-Projektions-Formenschleifmaschine. Feinmech. u. Präz. Bd. 46 (1938) S. 181.

(50) Neff: Distorting Pantograph for Engraving and Drawing. Maschinery-N. Y. Vol. 45 (1938), Nr. 1, S. 405.

(51) Riegel: Zwei neue Arbeitsverfahren. Werkzeugmaschine Bd. 42 (1938) S. 21.

(52) Ruggaber: Sonderfräsmaschinen zur Herstellung von Gesenken. Werkst. u. Betr. Bd. 71 (1938) S. 59.

(53) Schröder: Praktische Erfahrungen und Verbesserungen beim Bohren vierkantiger Löcher. Werkstattstechnik Bd. 32 (1938) S. 549.

(54) Schroiff und Sossna: Elektrisch gesteuerte Waagerecht-Bohr- und Fräsmaschine mit Einrichtung zum Kurvenfräsen. Werkstattstechnik Bd. 32 (1938) S. 311.

(55) Spies: Steuerung von Werkzeugmaschinen durch Fotozellen. Werkzeugmaschine Bd. 42 (1938) S. 391ff.

(56) Stehr: Getriebe zum Abwälzdrehen mittels Schneidrad. Werkstattstechnik Bd. 32 (1938) S. 152.

(57) STEHR: Hobeln von Luftschrauben. Werkstattstechnik Bd. 32 (1938) S. 316.

(58) Bearbeitung von Al-Luftschrauben. Werkstattstechnik Bd. 32 (1938) S. 355.

(59) FINKELNBURG: Formscheibenstähle. Werkstattstechnik Bd. 33 (1939) S. 161.

(60) HÖLSCHER: Selbsttätige Kopierfräsmaschine mit elektrischer Fühlersteuerung. Z. VDI Bd. 83 (1939) S. 914.

(61) METZ: Die Optik an der Werkzeugmaschine. Werkst. u. Betr. Bd. 72 (1939) S. 29.

(62) STÄGER: Die Starrdrehmaschine. Werkstattstechnik Bd. 33 (1939) S. 470.

(63) STÄGER: Starrdrehmaschine mit Hydrokopiereinrichtung. Masch.-Bau Betrieb Bd. 18 (1939) S. 499.

(64) Neue Kopierfräsmaschine. Werkstattstechnik Bd. 33 (1939) S. 287.

(65) Nockenwellenschleifmaschine. Werkst. u. Betr. Bd. 72 (1939) S. 52.

(66) Zeichengerät für Zahnprofile. Werkstattstechnik Bd. 33 (1939) S. 312.

(67) The manufacture of airscrews . . . Maschinery-London Vol. 54 (1939) Nr. 1385, S. 125.

(68) DÖRING: Fühlergesteuerte Kopierfräsmaschinen. Elektrotechn. u. Masch.-Bau Bd. 58 (1940) S. 269.

(69) GEBHARD: Kopierfräsvorrichtung. Werkstattstechnik Bd. 34 (1940) S. 176.

(70) MAAS: Entwicklungsstand selbständiger Nachformfräsmaschinen. Masch.-Bau Betrieb Bd. 22 (1940) S. 287.

(71) WOLFRAM: Fühlergesteuerte Werkzeugmaschinen. Z. VDI Bd. 84 (1940) S. 639.

(72) Nockenscheiben-Schleifmaschine. Werkstattstechnik Bd. 34 (1940) S. 13.

(73) Nachformfräsen von Propellerflügeln. Werkstattstechnik Bd. 34 (1940) S. 143.

(74) Hydraulischer Taster. Werkstattstechnik Bd. 34 (1940) S. 360.

(75) FINKELNBURG: Über Profilunterschiede zwischen Werkstück und Werkzeug und ihre Berechnung. Feinmech. u. Präz. Bd. 49 (1941) S. 113.

(76) KÖNIG: Hilfsmittel zum Kopierdrehen von Raumkurven. Masch.-Bau Betrieb Bd. 20 (1941) S. 11.

(77) PREGER: Eine neue Nachformfräsmaschine. Werkst. u. Betr. Bd. 74 (1941) S. 73.

(78) Selbsttätige Bombiereinrichtung an Walzenschleifmaschinen. Masch.-Bau Betrieb Bd. 20 (1941) S. 375.

(79) Projektionsformenschleifmaschine. Werkzeugmaschine Bd. 45 (1941) S. 268.

(80) HÖLSCHER: Selbsttätige Nachformdrehbank mit elektrischer Fühlersteuerung. Werkst. u. Betr. Bd. 75 (1942) S. 23.

(81) PFEIFFER: Sonderwerkzeugmaschinen im Lokomotivbau. Werkstattstechnik Bd. 36 (1942) S. 376.

(82) Der heutige Stand des Nockendrehens. Werkzeugmaschine Bd. 46 (1942) S. 43.

(83) Kulissenfräsmaschine. Werkzeugmaschine Bd. 46 (1942) S. 96.

(84) Dreheinrichtung für kreisbogenförmige Querschnitte. Z. VDI Bd. 86 (1942) S. 689.

(85) HABERLAND: Konstruktion der Rundformstähle unter Berücksichtigung der Profilverzerrung. Werkstattstechnik Bd. 37 (1943) S. 195.

(86) KOTTSIEPER: Profilberichtigung an Hinterdrehmeißeln. Werkstattstechnik Bd. 37 (1943) S. 239.

(87) Profilschleifmaschine. Werkstattstechnik Bd. 37 (1943) S. 308.

(88) HAIN: Die Verwendung des Gelenkvierecks zur Erzeugung gegebener ebener Kurven. Meßtechn. Bd. 20 (1940) S. 33 u. 59.

(89) DÜRR: Werkzeugmaschinen mit Druckölkopiervorschubantrieb und -fühlersteuerungen. Z. VDI Bd. 89 (1945) S. 57.

(90) HAIN: Werkzeugführungen mit Hilfe von Koppelkurven. Werkst. u. Betr. Bd. 80 (1947) S. 189.

(91) HAIN: Formdrehen mit Hilfe von Kurbelgetrieben. Werkst. u. Betr. Bd. 81 (1948) S. 125.

(92) SCHRÖDER: Form und Fertigung erhabener Steuernocken. Werkst. u. Betr. Bd. 81 (1948) S. 288.

(93) SCHNITZER: Werkzeugmaschinen auf der Schweizer Mustermesse 1948. Werkst. u. Betr. Bd. 81 (1948) S. 273.

(94) DÜRR: Die hydraulische Steuerung von Werkzeugmaschinen. Werkst. u. Betr. Bd. 83 (1950) S. 135.

(95) FINKELNBURG: Das Bohren vielkantiger Löcher. Werkst. u. Betr. Bd. 83 (1950) S. 359.

(96) Herstellung unregelmäßiger Flächen auf der Zahnradstoßmaschine. Werkstattstechnik Bd. 39 (1949) S. 280.

(97) SCHNARBACH: Nachformfräsen von Kurventrägern nach offenen Bezugsformen und selbsttätiges Fräsen ohne Bezugsform. Werkstattstechnik Bd. 42 (1952) S. 46–50.

(98) HÄUSER: Einseitig gesteuerte hydraulische Fühlersteuerungen. Werkst. u. Betr. Bd. 85 (1952) S. 131.

63. Patentschriften.

(101) DRP. 126 119	11. 9. 1900	Bontempi-Neapel.
(102) DRP. 411 088	29. 12. 1922	Deckel-München.
(103) DRP. 414 567	5. 12. 1924	Deckel-München.
(104) DRP. 441 896	4. 12. 1924	Deckel-München.
(105) DRP. 477 539	30. 1. 1927	Voith-Heidenheim.
(106) DRP. 566 257	31. 10. 1930	Renauld-Billancourt.
(107) DRP. 612 324	31. 7. 1930	Waldrich-Siegen.
(108) DRP. 625 373	18. 3. 1931	Forster-Kilchberg (Schweiz).
(109) DRP. 626 013	2. 3. 1932	Forster-Kilchberg (Schweiz).
(110) DRP. 632 902	25. 6. 1936	Schieß-Defries-Düsseldorf.
(111) DRP. 637 037	25. 9. 1934	Wildt-Düsseldorf.
(112) DRP. 654 687	22. 8. 1935	Froriep-Rheydt.
(113) DRP. 665 486	19. 1. 1936	Gaussée-Metz.
(114) DRP. 680 311	3. 8. 1939	Krause-Wien.
(115) DRP. 688 031	20. 6. 1936	Boehringer-Göppingen.
(116) DRP. 693 260	22. 6. 1937	Klöckner-Humboldt-Deutz-Köln.
(117) DRP. 698 431	10. 10. 1940	Soc. an. Atiliers-Albert (Frankr.).
(118) DRP. 749 948	27. 7. 1942	ohne Namensnennung.

64. Firmenschriften.

Boehringer, Gebr., Göppingen Württ.):

(121) Unrunddrehbank.

(122) Unrunddreheinrichtung KW 06.

(123) Halbautomatische Vielstahldrehbank.

(124) Nachformdrehbank ND 5.

(125) Absatzdrehbank W 5.

(126) Langhobelmaschine mit hydraulischer Nachformeinrichtung.

Boley, G., Eßlingen (Neckar):

(127) Formfräsmaschine FF 2.

Cincinnati, Cleveland, Ohio (USA.):

(128) Gesenknachformfräsmaschine mit hydraulischer Fühlersteuerung.

Collet & Engelhard, Offenbach (Main):

(129) Kopierfräsmaschine mit elektrischer Fühlersteuerung der Fa. Siemens-Sch.

(130) Kopierfräsmaschine mit Fotozellensteuerung AKs.

Deckel, Friedrich, München:
(131) Universal-Werkzeugfräsmaschine
FP 1.
(132) Werkzeugschleifmaschine S 1.
(133) Universal-Schriftengravier-
maschine.
(134) Gesenk- und Formenkopierfräsmaschine GK 1.
(135) Universal-Nachformfräsmaschine
KF 1.

Droop & Rein, Bielefeld:
(136) Gesenkfräsmaschine mit Kurven-
fräsvorrichtung FGS 60.
(137) Waagerechtfräs- und -bohrwerk
mit elektrisch gesteuerter Kurven-
fräsvorrichtung.
(138) Schmiernutenziehmaschine.

Elektroakustik, Kiel:
(139) Filmsteuerung für Dreh- und Fräs-
bänke.

Elze & Heß, Gera:
(140) Universal-Kopieroberfräse.

Encke, Karl, Zeulenroda (Thür.):
(141) Tischfräsmaschine.
(142) Automatische Doppelkopier-
maschine.
(143) Fräsautomat AGGE.

Escher-Wyss, Ravensburg
(Württ.):
(144) Schiffsschraubenkopierfräsma-
schine.

Fagus-Werk, Karl Benscheid,
Alfeld (Leine):
(145) Schuhleistendrehbank.

Fiat-Werke, Turin (Italien):
(146) Fräsmaschinen für spiralverzahnte
Kegelräder.

Fischer, G, Schaffhausen
(Schweiz):
(147) Kopierstarrdrehmaschine SDM
250.
(148) Kopierstarrdrehmaschine KDM.

Fortuna-Werke, Stuttgart —
Bad Cannstatt:
(149) Ovalschleifmaschine ARSE 500.
(150) Koordinatenschleifmaschine EKS
60.

Forster, G., Mailand (Italien):
(151) Stirnradverzahnmaschine.

Gleason-Works, Rochester
(N. Y., USA.):
(152) Fräsmaschinen für kreisbogenver-
zahnte Kegelräder.
(153) Hobelmaschine für spiralverzahnte
Kegelräder.

Hahn & Kolb, Stuttgart:
(154) Universal-Werkzeugfräsmaschine.

Hegenscheidt, Wilhelm, Rati-
bor:
(155) Radreifendrehbank mit Hebel-
schablonensupport.

Heid, A. G., Wien (Österr.):
(156) Halbautomatische Kurbelwellen-
wangenhobelmaschine HK 1.
(157) Nachformdrehbank, hydraulisch
gesteuert.

Heidenreich & Harbeck, Ham-
burg:
(158) Kegelradhobelmaschine.
(159) Elektrohydraulische Nachformdrehbank.

Heinemann, St. Georgen
(Schwarzwald):
(160) Vielmeißel- und Nachformdrehbank, hydraulisch gesteuert.

Heller, Gebr., Nürtingen
(Württ.):
(161) Kopierlangfräsmaschine.
(162) Sägeblattschärfmaschine 250.

Heyligenstaedt & Co., Gießen:
(163) Nachformdrehbank mit elektrischer Fühlersteuerung der Fa.
Siemens-Sch.
(164) Nachformfräsmaschine mit elektrischer Fühlersteuerung der Fa.
Siemens-Sch.
(165) Hydraulische Nachformeinheit für
Drehbänke.

Kämpf, Michael, Frankfurt
(Main):
(166) Formenkopierfräsmaschine FK 2.

7*

Keller, Brooklyn (N. Y., USA.):
(167) Automatische Gesenkkopierfräsmaschine.
(168) Kopierdrehbank mit elektrischer Fühlersteuerung.

Kirchner & Co., Leipzig:
(169) Runddrehmaschine ZSB.
(170) Kopierfräsmaschine ONB 2.
(171) Kopierfräsmaschine OPC.

Kirner, Anton, Neustadt (Schwarzwald):
(172) Automatische Nachformfräsmaschine.

Klingelnberg, F., Remscheid:
(173) Wälzfräsmaschine für Palloidspiralkegelräder.
(174) Evolventenprüfgerät.

Klöckner-Humboldt-Deutz, Köln:
(175) Nockenwellen- und Formdrehbank.

Kolb, H., Köln:
(176) Zahnradwälzschleifmaschine.

Kopp, Fritz, Ulm:
(177) Koordinatenfräsmaschine KPF.
(178) Nachformfräsautomat RF, hydraulisch gesteuert.
(179) Kopierfräsmaschine EKF.

Krause, E., Wien:
(180) Schleifmaschine für unrunde Werkstücke.

Lange, E., Lugau (Sa.):
(181) Rundkopierfräsmaschine F 0.

Loewe A.-G., Berlin:
(182) Kopierfräsmaschine FK 1.
(183) Nockenwellendrehbank.
(184) Optische Profilschleifmaschine.
(185) Kopierumrißfräsmaschine.
(186) Nachformdrehbank, hydraulisch gesteuert.

Lorenz A.-G., Ettlingen:
(187) Zahnradwälzstoßmaschinen (FELLOW).
(188) Pfeilradwälzstoßmaschinen (Sykes).

Maag, Zürich (Schweiz):
(189) Zahnradwälzhobelmaschinen.

Mayer & Schmidt (MSO), Offenbach (Main):
(190) Rund- und Ovalschleifmaschine FGH.

Manurhin, Mülhausen (Frankr.):
(191) Profilschleifmaschine.

Müller & Montag, Leipzig:
(192) Gesenkfräsmaschine mit Nachformeinrichtung Mum 74.
(193) Nachformfräsmaschine NF 22.
(194) Längskopierfräsapparat LK.
(195) Rundkopier- und Kurvenfräsapparat KF und KF-Spez.
(196) Zylinder- und Trommelkopierfräsapparat CKA.
(197) Zahnradnachbearbeitungsautomat.

Nassovia Maschinenfabrik Hanns Fickert, Langen (Hessen):
(198) Nachformfräsmaschine VI.
(198a) Nachformfräsmaschine VA 11.

Naxos-Union, Frankfurt (Main):
(199) Walzenschleifmaschine mit Balligschleifeinrichtung.
(200) Nockenwellenschleifmaschine WSN.
(201) Sternnockenschleifmaschine EN.
(202) Nockenwellenschleifmaschine WRN.

Nema, Neiße:
(203) Abwälzdrehbank und Formschälmaschine.

Niles-Werke, Deutsche, Berlin:
(204) Zahnradabwälzschleifmaschine.

Nube, Curd, Offenbach (Main):
(205) Gesenkfräsmaschine GF 2.
(206) Kurvenkopierfräsmaschine KF 6.
(207) Gravier- und Kopierfräsmaschine K.
(208) Universalkurvenfräsmaschine KF.
(209) Graviermaschine GM.
(210) Gesenkkopierfräsmaschine mit elektrischer Fühlersteuerung der Fa. AEG.
(211) Schnittplattenfräsmaschine A 2.

Oerlikon (Bührle & Co.), Zürich (Schweiz):
(212) Kegelradfräsmaschine „Spiromatic".
(213) Nachformdrehbank, hydraulisch gesteuert.

Pfauter, Chemnitz:
(214) Wälzfräsmaschinen.

Reinecker, J. H., Chemnitz:
(215) Nockenwellenfräsmaschine.
(216) Universalhinterdrehbank.
(217) Kulissenfräsmaschine.
(218) Nachformfräsmaschine für Umrißflächen.
(219) Kegelradhobelmaschine.
(220) Fräsmaschine für pfeilverzahnte Kegelräder.

Scherzinger, C. O., Augsburg:
(221) Fassonrundstabfräsmaschine.

Scheu, F. A., Berlin:
(222) Revolverdrehbank M 8.

Schieß-Defries, Düsseldorf:
(223) Karusselldrehbank mit elektrischer oder hydraulischer Steuerung.

Schwahr A.-G., Leipzig:
(224) Koppelkurvenfräsmaschine.

Starr-A.-G., Rohrschach (Schweiz):
(225) Hydrokopierfräsmaschinen.

Studer, F., Glockenthal (Schweiz):
(226) Nachformschleifmaschine.

Thiel, Gebr., Ruhla (Thür.):
(227) Form- und Stempelhobler 32.
(228) Universalwerkzeugfräsmaschine.

Trommer, Markranstädt:
(229) Koppelkurvenfräsmaschine.

Ultra-Präzisionswerk, Aschaffenburg:
(230) Projektionsformenschleifmaschine.

Unger, Karl, Stuttgart-Hedelfingen:
(231) Ovalschleifmaschine OVS.
(232) Nockenwellenschleifmaschine NWS.

Voith, J.M., Heidenheim(Brenz):
(233) Drehvorrichtung für Kaplanschaufeln.

Waldrich, Siegen:
(234) Blockdrehbänke.
(235) Walzenschleifmaschine mit Balligschleifeinrichtung.

Waldrich, Coburg:
(236) Langhobelmaschine mit hydr. Kopiersupport.

Werner, Fritz, A.-G., Berlin:
(237) Kopierfräsmaschine 250.
(238) Zweispindeliger Kopierfräsautomat.

Wotan- & Zimmermann-Werke, Glauchau (Sa.):
(239) Kegelradhobelmaschine.
(240) Zahnradwälzschleifmaschine.

Wohlenberg, Hannover:
(241) Drehbank mit hydr. Nachformsupport.

(242) Schleifmaschine für mehrflügelige Propeller nach Prof. Voigt-Berlin. (Persönliche Mitteilung des Erfinders.)

(243) Lichtelektrische Abtastvorrichtung nach Prof. Walther-Darmstadt in Verbindung mit der Firma Ott-Kempten.